Unity UI 设计

[美] Simon Jackson 著

张 骞 译

清华大学出版社

北 京

内 容 简 介

本书详细阐述了与 Unity UI 设计相关的基本解决方案，主要包括 Unity 中的构造布局、UnityEvent 系统、控制行为、锚定系统、屏幕空间、世界空间和相机，以及与 UI 源代码协同工作等内容。此外，本书还提供了相应的示例、代码，以帮助读者进一步理解相关方案的实现过程。

本书适合作为高等院校计算机及相关专业的教材和教学参考书，也可作为相关开发人员的自学教材和参考手册。

北京市版权局著作权合同登记号 图字：01-2016-5196

图书在版编目（CIP）数据

Unity UI 设计/（美）西蒙•杰克逊（Simon Jackson）著；张骞译. —北京：清华大学出版社，2017（2024.1 重印）

书名原文：Unity 3D UI Essentials

ISBN 978-7-302-46010-7

Ⅰ. ①U… Ⅱ. ①西… ②张… Ⅲ. ①游戏程序-程序设计 Ⅳ. ①TP317.6

中国版本图书馆 CIP 数据核字（2016）第 316341 号

责任编辑： 贾小红
封面设计： 刘　超
版式设计： 李会影
责任校对： 赵丽杰
责任印制： 宋　林

出版发行： 清华大学出版社

网　　址： https://www.tup.com.cn, https://www.wqxuetang.com
地　　址： 北京清华大学学研大厦 A 座　　**邮　　编：** 100084
社 总 机： 010-83470000　　**邮　　购：** 010-62786544
投稿与读者服务： 010-62776969，c-service@tup.tsinghua.edu.cn
质 量 反 馈： 010-62772015，zhiliang@tup.tsinghua.edu.cn

印 装 者： 三河市龙大印装有限公司
经　　销： 全国新华书店
开　　本： 185mm×230mm　　**印　　张：** 14.25　　**字　　数：** 275 千字
版　　次： 2017 年 4 月第 1 版　　**印　　次：** 2024 年 1 月第 7 次印刷
定　　价： 59.00 元

产品编号：068953-01

译 者 序

Unity 是近几年非常流行的一款 3D 游戏开发引擎（特别是移动平台），它的特点是跨平台能力强，支持 PC、Mac、Linux、iOS、Android、网页等几乎所有的平台，移植便捷，3D 图形性能出众，为众多游戏开发者所喜爱。在手机平台，Unity 几乎成为 3D 游戏开发的标准工具。本书则在此基础上讨论较为高级的开发技术和解决方案，

最新的 Unity UI 系统经过开发人员多年研发方得以面世（开发过程受到了预算紧缩的考验），其中包含了诸多最新特性并以免费方式提供给广大用户。本书将围绕这一新技术展开讨论，以使读者理解各个组件的功能、整合方式以及应用方式，进而在项目中实现全新的 UI 内容。除了屏幕菜单以及选项菜单之外，本书还将在 3D 游戏场景中创建各类 UI 元素。

具体而言，本书详细阐述了与 Unity UI 设计相关的基本解决方案，主要包括 Unity 中的构造布局、UnityEvent 系统、控制行为、锚定系统、屏幕空间、世界空间和相机，以及与 UI 源代码协同工作等内容。

在本书的翻译过程中，除张骞之外，郭志杰、白永丽、赵洪玉、米玥、潘冰玉、李强、皮雄飞、史云龙、王巍、孙年果、程聪、朱利平、王晓晓、解宝香、李保金、王梅、林芮、刘鹤等人也参与了本书的翻译工作，在此一并表示感谢。

限于译者的水平，译文中难免有错误和不妥之处，恳请广大读者批评指正。

译 者

前　　言

随着新时代的到来，Unity 技术也取得了长足的进步，并针对 Unity 项目提供了全新的 UI 改进系统，其开源特征使得每一名开发人员均可访问 UI 的内部流程。

这无疑是一项大胆的尝试，千呼万唤后全新的 UI 系统终于得以面世。其间，开发周期的延误以及不断的改进行为使得该系统的上市时间遥遥无期，开发人员只得使用现有的遗留 GUI 系统，或者付费使用相对高级的 GUI 系统（例如 NGUI）。

在经历了 Beta 版发布后的漫长等待后，新系统最终问世。该系统得到了全面的改善，尽管某些领域尚有所欠缺（毕竟系统仍处于开始阶段）。

本书围绕这一新技术展开讨论，以便读者理解各组件的功能、整合方式以及应用方法，进而在项目中实现全新的 UI 内容。除了屏幕菜单及选项菜单之外，本书还将在 3D 游戏场景中创建各类 UI 元素。

Unity 不仅推出了新的 UI 系统，开发人员还可访问源并设计 UI 元素、理解事物的构建方式、扩展现有的控制项，甚至创建自己的 UI 内容。具有冒险精神的读者，还可向 Unity 发布补丁或新特性，对 Unity 加以改进。

据此，读者可组织设计内容及实现方式。更为重要的是，Unity 对这一切提供了免费的使用权限。

时不我待，本书将引领读者探索全新的 UI 世界。

本书内容

第 1 章回顾了 4.6 版本之前的 Unity 3D 所涉及的相关内容，以及 4.6 版本之后所推出的某些功能，并整体阐述了所涉及的新特性。

第 2 章涵盖了新 UI 系统的核心内容，即 Canvas 和 Rect Transform，并构成了该系统的基础部分。

第 3 章中，Unity UI 引入了堆载（heap-load）机制，以此满足相应的 UI 需求，例如按钮、复选框、滚动区域及布局遮罩，本章将深入讨论大多数控件的制作方式。

第 4 章详细介绍了 Unity UI 的锚定系统，以及如何实现相应的布局/设计方案。

第 5 章介绍了 UI 新系统中最值得期待的部分，即如何构建透视 UI 布局，并将 UI 元素作为 3D 对象添加至某一场景中。

第 6 章考查了 UI 框架背后的编码方式，并对 Event System 和 UnityEvent 框架予以介绍；实现一个 UI 系统的开源项目，并以此展示基于新型 UI 的 Unity 编码方式。

本书附录展示了一个 3D 示例场景，该示例在第 5 章中出现，其中包含了相应的 UI 元素。鉴于该示例并非本书重点内容，因而作为附录内容供读者有选择地阅读。同时，本书在线资源中也提供了相应的下载包，以供关卡设计人员使用。

软件需求

本书主要涉及下列应用软件：

- Unity 3D V4.6+。
- 建议使用 Visual Studio 2012（Express，Pro 或更高的版本）。

适用读者

本书要求读者理解 Unity 中的核心功能，并掌握其中的 C#脚本机制（对于 Unity UI 系统中的核心编辑器部分，本书则不作要求）。通过本书的阅读，相信读者能够高效地利用 UI 特征集。

本书约定

本书涵盖了多种文本风格，进而对不同类型的信息加以区分。下列内容展示了对应示例及其具体含义。

文本中的代码、数据库表名称、文件名称、文件名、文件扩展名、路径名、伪 URL、用户输入以及 Twitter 用户名采用如下方式表示：

“脚本将添加至名为 Scripts 的文件夹中；场景则添加至名为 Scenes 的文件夹中”。

代码块则通过下列方式显示：

```
void OnGUI() {
   GUI.Label(new Rect(25, 15, 100, 30), "Label");
}
```

当某些代码行希望引起读者注意时，将会采用黑体表示，如下所示：

```
public Texture2D myTexture;
void Start() {
   myTexture = new Texture2D(125, 15);
}
void OnGUI() {
  GUI.DrawTexture(new Rect(325, 15, 100, 15), myTexture,
     ScaleMode.ScaleToFit,true,0.5f);
}
```

图标表示较为重要的概念，而图标则表示提示或相关操作技巧。

读者反馈和客户支持

欢迎读者对本书的建议或意见予以反馈，以进一步了解读者的阅读喜好。反馈意见对于我们来说十分重要，以便改进日后的工作。

对此，读者可向 feedback@packtpub.com 发送邮件，并以书名作为邮件标题。若读者针对某项技术具有专家级的见解，抑或计划撰写书籍或完善某部著作的出版工作，则可阅读 www.packtpub.com/authors 中的 author guide 一栏。

我们将竭诚为每一名用户服务。

资源下载

读者可访问 http://www.packtpub.com 下载本书中的示例代码文件，或者访问 http://www.packtpub.com/support，经注册后可直接通过邮件方式获取相关文件。

作者还提供了本书的论坛支持，其中包括问题咨询以及相关的注意事项。论坛网址为

http://bit.ly/Unity3DUIEssentialsForums。

另外，我们还以 PDF 文件的方式提供了本书中截图/图表的彩色图像，帮助读者进一步理解输出结果中的变化，读者可访问 https://www.packtpub.com/sites/default/files/downloads/3617OS.pdf 下载该 PDF 文件。

勘误表

尽管我们力求在最大程度上做到尽善尽美，但错误依然在所难免。如果读者发现谬误之处，无论是文字错误，抑或是代码错误，还望不吝赐教。对于其他读者以及本书的再版工作，这将具有十分重要的意义。对此，读者可访问 http://www.packtpub.com/submit-errata，选取对应书籍，单击 ErrataSubmissionForm 超链接，并输入相关问题的详细内容。经确认后，填写内容将被提交至网站，或添加至现有勘误表中（位于该书籍的 Errata 部分）。

另外，读者还可访问 http://www.packtpub.com/books/content/support 查看之前的勘误表。在搜索框中输入书名后，所需信息将显示于 Errata 项中。

版权须知

一直以来，互联网上的版权问题从未间断，Packt 出版社对此类问题异常重视。若读者在互联网上发现本书任意形式的副本，请告知网络地址或网站名称，我们将对此予以处理。

关于盗版问题，读者可发送邮件至 copyright@packtpub.com。

对于读者的爱护，我们表示衷心的感谢，并于日后向读者呈现更为精彩的作品。

问题解答

若读者对本书有任何疑问，均可发送邮件至 questions@packtpub.com，我们将竭诚为您服务。

读者还可在本书论坛上直接向作者提问，论坛网址为 http://bit.ly/Unity3DUIEssentialsForums。

目　　录

第 1 章　回顾与展望

最新的 Unity UI 系统经过开发人员多年研发方得以面世（开发过程受到了预算紧缩的考验），其中包含了诸多最新特性并以免费方式提供给广大用户。

在讨论新系统之前，需要对遗留 GUI 系统（即旧系统，具有向后兼容之特性）予以回顾，进而在此基础上理解新系统的功能和应用，而传统教程还停留在遗留 GUI 阶段。

在读者理解了遗留系统后，本书将对新系统加以重点分析，这也是后续内容的主要工作。

本章主要涉及以下内容：

- Unity 遗留 GUI 系统的回顾。
- 与遗留 GUI 系统相关的建议、技巧和讲解。
- 新系统特性概览。

购买 Packt 出版社书籍的读者可通过个人账号在http://www.packtpub.com处下载代码文件。另外，读者还可访问http://www.packtpub.com/support，经注册后可通过邮件方式直接获得相关文件。除此之外，作者还提供了支持论坛，读者可直接向作者进行提问；另外，论坛中还包含了相关的注意事项，对应网址为http://bit.ly/Unity3DUIEssentialsForums。

1.1　发展状况

Unity 的遗留 GUI 系统历经多年发展添加了诸多新特性，并对性能问题有所改善。考虑到在原始实现基础上得以完成，因而系统包含了某些限制条件，且需要向后兼容（类似于 Windows 操作系统，时至今日，该系统仍然需要服务于采用 BASIC 语言编写的程序。关于 BASIC 语言，读者可访问 http://en.wikipedia.org/wiki/BASIC）。这里并非认为遗留系统一无是处，与 Unity 4.x 和 Unity 5.x 相比，该系统在新特性方面有所欠缺。在新系统中，采用了更为高级的设计方案以及全新的核心内容。

遗留系统中的主要缺陷在于，该系统仅在 3D 元素之上的屏幕空间内进行绘制（而非其“内部”）。对于菜单或标题中的覆盖图，这并无太大问题；而在 3D 场景中，其整合方式将变得较为困难。

关于世界空间和屏幕空间的更多内容，读者可参考Unity Answers，对应网址为http://answers.unity3d.com/questions/256817/about-world-space-and-local-space.html。

因此，在讲述新系统的优点之前，首先需要考查该系统的根源（如果读者对遗留系统较为熟悉，则可忽略本节内容）。

本书将遗留GUI简称为GUI。相应地，当讨论新系统时，该系统则称作UI或Unity UI。用户在阅读时不可将其混为一谈。

另外，读者在Web或论坛中可能还会遇到uGUI这一类术语，该术语表示Unity UI新系统的研发代码。

GUI 控件相关介绍如下。

遗留系统空间针对标题应用提供了基本的风格化控制。

遗留系统中的全部控件均采用内建的 OnGUI 方法，并在 GUI 渲染阶段进行绘制。在相关示例中，全部控件实例位于 Assets\BasicGUI.cs 脚本中。

针对功能性GUI空间，场景中的相机须于其上绑定GUILayer组件。默认条件下，该组件位于场景中的Camera对象上，且多数情况下用户不会对其有所察觉。若将其移除，则GUI工作时需要再次将其加入。

针对OnGUI委托处理程序，该组件可视为钩子程序，以确保其在每帧内被调用。

类似于脚本中的Update方法，如果渲染操作降低了运行速度，OnGUI方法将在每帧内多次被调用。当构建自己的遗留GUI脚本时，用户应对此引起足够的重视。

原 GUI 中的控件包含以下内容：

- 标签
- 纹理
- 按钮
- 文本框（包括单行文本框、多行文本框及密码文本框等）
- 列表框
- 工具栏
- 滑块

- ❑ 滚动条
- ❑ 窗口

下面将对此进行逐一考查。

对于GUI脚本中的示例项目，全部代码均位于下载代码中的Assets\Scripts文件夹中。当读者对此进行尝试时，须创建新项目、场景以及脚本，针对脚本中的各个控件设置代码，最后还需将该脚本绑定至相机对象上（将其从项目视图拖曳至场景层次结构中的Main Camera GameObject中）。随后，可运行该项目，或者利用[ExecuteInEditMode]属性修饰当前类，进而在游戏视图中对其进行查看。

1. Label 控件

大多数 GUI 系统中均会首先介绍 Label 控件，这一类控件提供了风格化的控制效果，并在屏幕上显示只读文本。脚本中一般会包含下列方法：

```
void OnGUI() {
  GUI.Label(new Rect(25, 15, 100, 30), "Label");
}
```

这将生成如图 1-1 所示的屏幕显示效果。

Label

图 1-1

Label 控件可通过 guiText GameObject 属性（guiText.font）或 GUIStyle（稍后将对此加以讨论）调整字体设置。

当设置脚本中的guiText.font时，可在脚本中使用下列代码，对应位置可位于Awake/Start函数中，或者绘制下一个文本段（采用另一种字体）之前。

```
public Font myFont = new Font("arial");
guiText.font = myFont;
```

另外，用户还可使用导入字体在Inspector中设置myFont属性。

Label 控件构成了全部控件的基础内容，同时，其他控件均继承自该控件，且针对显示文本的样式具有相同的行为。

针对具体内容，Label 还支持 Texture 的使用，但不支持文本和纹理的同时使用。对此，可使用 Label 控件和其他控件之间的图层操作，进而实现相同的效果（控件可通过调用顺序隐式地加以绘制），如下所示：

```
public Texture2D myTexture;
void Start() {
   myTexture = new Texture2D(125, 15);
}
void OnGUI() {
  //Draw a texture
  GUI.Label(new Rect(125, 15, 100, 30), myTexture);
  //Draw some text on top of the texture using a label
  GUI.Label(new Rect(125, 15, 100, 30), "Text overlay");
}
```

通过在调用间设置“GUI.depth =/*<depth number>*/;”可重写控件的绘制顺序。除非特殊情况，否则不建议采用这一方法。

随后，纹理将被绘制，并与 Label 尺寸相匹配。默认状态下，纹理将缩放至最小尺寸。另外，还可通过 GUIStyle 对其进行调整，包括修改固定的宽度值和高度值，设置拉伸特征。

稍后将对GUIStyle和GUISkin加以讨论。

2. 纹理绘制

GUI 框架可简化纹理的绘制过程，其中，DrawTexture 函数与包含纹理或其他控件的 Label 有所不同（这也是遗留 GUI 发展过程中的另一个特征）。实际上，这与前述 Label 控件相同，但仅绘制纹理而非文本，如下所示：

```
public Texture2D myTexture;
void Start() {
   myTexture = new Texture2D(125, 15);
}
void OnGUI() {
   GUI.DrawTexture(new Rect(325, 15, 100, 15), myTexture);
}
```

需要注意的是，在与纹理相关的全部示例中，本书提供了基础模板并对空纹理进行初始化。在实际操作过程中，将赋予适当的纹理。

除此之外，当渲染纹理时，用户可提供缩放值和混合值，进而与当前场景适配，包括纹理绘制时的宽高比控制。

当缩放图像时，应注意该操作将对遗留GUI系统中的图像渲染属性产生影响。另外，图像的缩放行为还将影响到其绘制位置。某些时候，需要适当偏移图像的绘制位置。

例如：

```
public Texture2D myTexture;
void Start() {
   myTexture = new Texture2D(125, 15);
}
void OnGUI() {
  GUI.DrawTexture(new Rect(325, 15, 100, 15), myTexture,
  ScaleMode.ScaleToFit,true,0.5f);
}
```

上述代码将在绘制区域通过 Alpha 混合机制（参数中设置为 true）绘制源纹理，且宽高比设置为 0.5。相应地，用户可尝试其他设置结果，进而获取期望结果。

当需要采用简单方式在全部 2D/3D 元素上绘制屏幕图像时，上述方案在某些特定情况下十分有用，例如，暂停或欢迎画面。然而，类似于 Label 控件，该方案并未接收任何输入事件（对此，可参考 Button 控件）。

DrawTexture 函数存在一个变化版本，即 DrawTextureWithTexCoords 函数。该函数可选取纹理在屏幕上的绘制区域，还可选择希望绘制的源纹理区域，如下所示：

```
public Texture2D myTexture;
void Start() {
  myTexture = new Texture2D(125, 15);
}
void OnGUI() {
  GUI.DrawTextureWithTexCoords (new Rect(325, 15, 100, 15),
   myTexture ,
  new Rect(10, 10, 50, 5));
}
```

上述代码在纹理位置(10,10)处，并以 50 像素宽、5 像素高的方式根据某一源纹理（myTexture）的方式选取一个区域，随后在设置的 Rect 区域绘制该纹理。

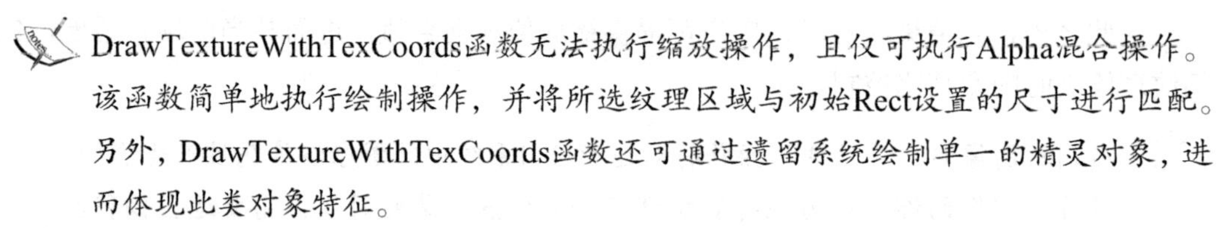
DrawTextureWithTexCoords函数无法执行缩放操作，且仅可执行Alpha混合操作。该函数简单地执行绘制操作，并将所选纹理区域与初始Rect设置的尺寸进行匹配。另外，DrawTextureWithTexCoords函数还可通过遗留系统绘制单一的精灵对象，进而体现此类对象特征。

3. Button 控件

Unity 还提供了相应的 Button 控件，并包含两个变化版本，基本的 Button 控件仅支持单击操作；而 RepeatButton 控件则支持按下按钮这一行为。

二者均可采用 if 语句并以相同方式完成实例化操作，进而捕捉按钮的单击操作，如下列脚本所示：

```
void OnGUI() {
  if (GUI.Button(new Rect(25, 40, 120, 30), "Button"))
  {
    //The button has clicked, holding does nothing
  }
  if (GUI.RepeatButton(new Rect(170, 40, 170, 30),
     "RepeatButton"))
  {
    //The button has been clicked or is held down
  }
}
```

这将在屏幕上生成简单的按钮，如图 1-2 所示。

图 1-2

该控件还支持基于按钮内容的纹理应用，即针对第二个参数提供纹理值，如下所示：

```
public Texture2D myTexture;
void Start() {
   myTexture = new Texture2D(125, 15);
```

```
}
void OnGUI() {
  if (GUI.Button(new Rect(25, 40, 120, 30), myTexture))
  { }
}
```

类似于 Label 控件，文本字体可采用 GUIStyle 进行调整，或者设置 GameObject 的 guiText 属性。除此之外，此处还可采用与 Label 相同的方式支持纹理应用。其中，最为简单的考查方式是设置可单击的 Label 控件。

4. Text 控件

类似于文本显示这一类需求，用户常常需要输入文本，遗留 GUI 提供了相关控件，如表 1-1 所示。

表 1-1

控　件	描　述
TextField	较为基本的文本框，仅支持单行文本且不可生成新行（即使包含了行尾符，这将在下方绘制额外行）
TextArea	TextField 控件的扩展，并支持多行文本。当用户按下 Enter 键时，将添加新行
PasswordField	TextField 控件的变化版本，但不会显示输入值，并采用替换字符予以显示。需要注意的是，密码自身仍以文本形式进行存储。在使用过程中，可加密/解密实际的密码，且不会将字符存储为纯文本

TextField 控件的具体应用较为简单。该控件返回所输入的最终值状态；对于当前显示的文本参数，还需将其传递至相应的变量中，如下所示：

```
string textString1 = "Some text here";
string textString2 = "Some more text here";
string textString3 = "Even more text here";
void OnGUI() {
  textString = GUI.TextField(new Rect(25, 100, 100, 30), textString1);
  textString = GUI.TextArea(new Rect(150, 100, 200, 75), textString2);
  textString = GUI.PasswordField(new Rect(375, 100, 90, 30),
    textString3, '*');
}
```

字符串通常为不可变类型（常量），每次用户改变其值时，将在内存中生成一个新字符串。此处，textString变量在类中声明，这可视为一种高效的内存处理方式。当在OnGUI方法中声明textString变量时，将在每帧中产生垃圾内存，读者应对这一点有所认识。

默认状态下，文本框的显示效果如图 1-3 所示。

图 1-3

类似于 Label 和 Button 控件，显示的文本字体也可通过 GUIStyle 或 guiText GameObject 属性进行调整。

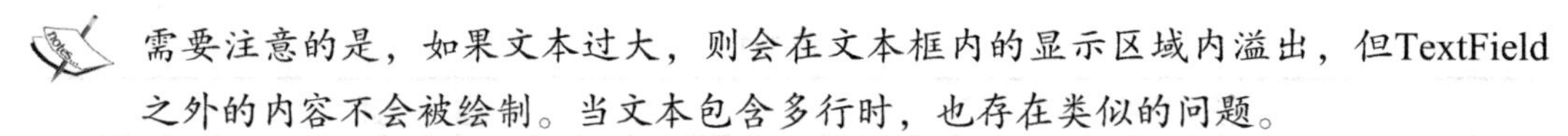

需要注意的是，如果文本过大，则会在文本框内的显示区域内溢出，但TextField之外的内容不会被绘制。当文本包含多行时，也存在类似的问题。

5. Box 控件

全部控件均为通用型控件，并可用于多种用途。总体而言，此类空间在其他控件之后绘制背景/着色区域。

Box 控件在单一控件内实现了前述控件（包括 Label、Texture 和 Text 控件）包含的多项功能以及布局选项。除此之外，该控件还可将文本和图像作为其他控件。

用户可通过下列方式绘制包含自身内容的 Box 空控件：

```
void OnGUI() {
 GUI.Box (new Rect (350, 350, 100, 130), "Settings");
}
```

对应效果如图 1-4 所示。

图 1-4

除此之外，用户还可据此装饰其他控件，如下所示：

```
private string textString = "Some text here";
void OnGUI() {
  GUI.Box (new Rect (350, 350, 100, 130), "Settings");
  GUI.Label(new Rect(360, 370, 80, 30), "Label");
  textString = GUI.TextField(new Rect(360, 400, 80, 30),
    textString);
  if (GUI.Button (new Rect (360, 440, 80, 30), "Button")) {}
}
```

读者应注意，Box控件并不会对绘制于其上的其他控件产生影响，并作为完全独立的空间进行绘制。当考查稍后介绍的Layout控件时，了解这一点将使问题变得更加清晰。

这里，Box 控件充当背景，且 Label、Text 和 Button 控件绘制于其上，如图 1-5 所示。

Box 控件可用于高亮显示某些控件组，抑或提供简单的背景效果（除了文本和色彩之外，还可使用图像）。

类似于其他控件，Box 控件也可通过 GUIStyle 实现特定的样式。

图 1-5

6. Toggle 复选框控件

GUI 系统中提供了复选框控件，进而可实现选项开/关的可视化效果。

与 TextField 控件相同，可传递变量并作为参数管理切换状态，并返回新值（如果产生变化），对应代码如下所示：

```
bool blnToggleState = false;
void OnGUI() {
  blnToggleState = GUI.Toggle(new Rect(25, 150, 250, 30),
  blnToggleState, "Toggle");
}
```

对应效果如图 1-6 所示。

图 1-6

同样，所显示的文本字体也可通过 GUIStyle 或 guiText GameObject 属性进行调整。

7. Toolbar 面板

基础控件还包含了某些实现了自动布局的面板，例如，可处理按钮的排列问题，此类按钮实现分组排列，且一次仅可选取单一按钮。

类似地，这一类风格的按钮也可采用 GUIStyle 定义进行调整，包括修改按钮和间距的宽度值。

其中涵盖了两个布局选项，如下所示：

- ❑ Toolbar 控件
- ❑ Selection 网格选项

8. Toolbar 控件

Toolbar 控件采用水平模式排列按钮（不支持垂直模式）。

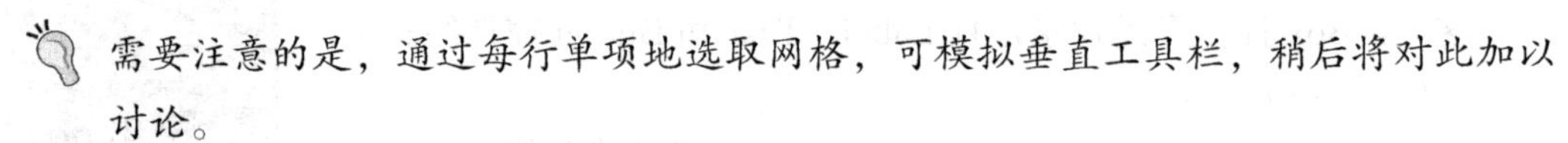

Toolbar 返回工具栏中当前所选按钮的索引值。另外，此类按钮与基础型按钮控件并无区别，并提供了相应的选项，进而支持针对按钮内容的文本或图像。

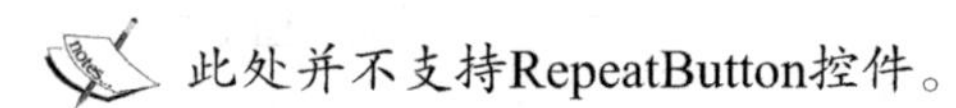

当实现工具栏时，可定义一个按钮中希望显示的内容数组，以及控制所选按钮的整数值，如下所示：

```
private int toolbarInt;
private string[] toolbarStrings;
Void Start() {
  toolbarInt = 0;
  toolbarStrings = { "Toolbar1", "Toolbar2", "Toolbar3" };
}
void OnGUI() {
  toolbarInt = GUI.Toolbar(new Rect(25, 200, 200, 30),
  toolbarInt, toolbarStrings);
}
```

前述控件间的主要差别在于，需要向控件传递当前所选的索引值，并于随后返回新值。

绘制后的 Toolbar 如图 1-7 所示。

图 1-7

如前所述，用户还可传递纹理数组，进而对其进行显示，而非仅是简单的文本内容。

9. SelectionGrid 控件

SelectionGrid 控件表示为前述 Toolbar 控件的自定义版本，可在网格布局中排列按钮，经重新设置按钮的尺寸后，可与目标区域相适应。

SelectionGrid 的编码格式与 Toolbar 类似，如下所示：

```
private int selectionGridInt;
private string[] selectionStrings;
Void Start() {
  selectionGridInt = 0;
  selectionStrings = { "Grid 1", "Grid 2", "Grid 3", "Grid 4" };
}
void OnGUI() {
  selectionGridInt = GUI.SelectionGrid(
  new Rect(250, 200, 200, 60), selectionGridInt, selectionStrings, 2);
}
```

SelectionGrid 和 Toolbar 编码方式的主要差别在于：当采用 SelectionGrid 时，可在一行中设置数据项的数量，控件可自动对按钮进行布局（除非使用 GUIStyle）。

上述代码的运行结果如图 1-8 所示。

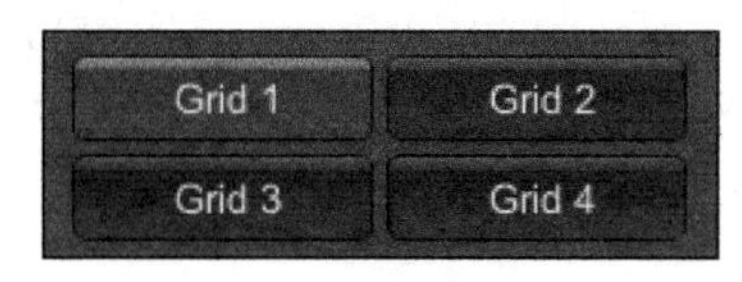

图 1-8

与单独使用按钮相比，这一类控件提供了更大的灵活性。

10. Slider/Scrollbar 控件

当需要对游戏范围进行控制时，或控制两个值之间的变化属性时，例如在场景中移动对象，则可使用 Slider 和 Scrollbar 控件。这一类控件实现了两种类似的处理方案，并提供了滚动区域以及操控方式，进而可控制控件背后的对应值。

图 1-9 中显示了并列排列的 Slider 和 Scrollbar 控件。

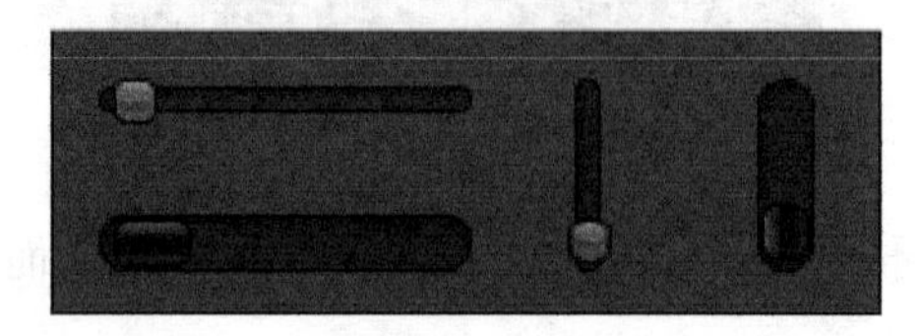

图 1-9

slimmer Slider 和 chunkier Scrollbar 控件可通过水平和垂直模式工作，并包含了最小和最大预置许可值。

Slider 控件的实现代码如下所示：

```
private float fltSliderValue = 0.5f;
void OnGUI() {
 fltSliderValue = GUI.HorizontalSlider(new Rect(25, 250, 100,30),
 fltSliderValue, 0.0f, 10.0f);
 fltSliderValue = GUI.VerticalSlider(new Rect(150, 250, 25, 50),
 fltSliderValue, 10.0f, 0.0f);
}
```

11. Scrollbar 控件编码

Scrollbar 控件的编码方式如下所示：

```
private float fltScrollerValue = 0.5f;
void OnGUI() {
 fltScrollerValue = GUI.HorizontalScrollbar(new Rect(25, 285,
   100, 30), fltScrollerValue, 1.0f, 0.0f, 10.0f);
 fltScrollerValue = GUI.VerticalScrollbar(new Rect(200, 250, 25,
   50), fltScrollerValue, 1.0f, 10.0f, 0.0f);
}
```

类似于 Toolbar 和 SelectionGrid 控件，用户需要传递当前值，并于随后返回更新值。然而，与其他控件不同的是，此处包含了两个样式点，进而实现工具栏的样式化操作且对其进行单独处理，并对滑块的观感实现更加自由的控制。

正常情况下，用户仅需使用 Slider 控件即可，而 Scrollbar 则视为 ScrollView 控件的基本内容。

12. ScrollView 控件

最后一个可显示的控件是 ScrollView，并实现 GUI 元素上的遮挡效果，其中还涵盖了水平或垂直方向上的 Scrollbar。简而言之，可在屏幕较小窗口后定义一个较大的控制区域，如图 1-10 所示。

图 1-10

图 1-10 中显示了包含多项内容的列表，并超出了 ScrollView 控件的可绘制区域。随后，可通过两个滚动栏上、下、左、右移动滚动查看器，进而对视图进行调整。其中，背景内容隐藏于遮挡部分之后，其尺寸等同于 ScrollView 控件主窗口的宽度值和高度值。

控件的样式化则少有不同，且不存在所谓的基本样式，并取决于当前设置的默认 GUISkin（稍后将对此加以介绍）。另外，用户可针对各个滑块设置独立的 GUIStyle，而非整体滑块，也不是其各个独立部分（例如工具栏等）。如果用户未针对各滑块确定样式，则最终结果将恢复为基本的 GUIStyle。

ScrollView 的实现过程相对简单，如下所示：

- 定义可见区域以及虚拟背景层。其中，控件将采用 BeginScrollView 函数进行绘制。
- 在虚拟区域中绘制控件，ScrollView 调用间的 GUI 绘制行为将在滚动区域内执行。

需要说明的是，ScrollView 中的(0,0)表示为 ScrollView 有效区域的左上角位置，而非屏幕的左上角。

- 利用 EndScrollView 函数关闭控件完成当前操作。例如，上述示例的实现代码如下所示：

```
private Vector2 scrollPosition = Vector2.zero;
private bool blnToggleState = false;
void OnGUI()
{
  scrollPosition = GUI.BeginScrollView(
  new Rect(25, 325, 300, 200),
  scrollPosition,
  new Rect(0, 0, 400, 400));

  for (int i = 0; i < 20; i++)
  {
    //Add new line items to the background
    addScrollViewListItem(i, "I'm listItem number " + i);
  }
  GUI.EndScrollView();
}

//Simple function to draw each list item, a label and checkbox
void addScrollViewListItem(int i, string strItemName)
{
  GUI.Label(new Rect(25, 25 + (i * 25), 150, 25), strItemName);
  blnToggleState = GUI.Toggle(
  new Rect(175, 25 + (i * 25), 100, 25),
  blnToggleState, "");
}
```

其中定义了 addScrollViewListItem 函数绘制列表项（由标签和复选框构成）。随后，可传递可见区域（第一个 Rect 参数）、初始滚动位置以及控件后的虚拟区域（第二个 Rect 参数），并开始 ScrollView 控件操作。据此，可在 ScrollView 控件的虚拟区域内绘制 20 个列表项，并在结束和关闭控件（包含 EndScrollView 命令）之前使用其他辅助函数。

必要时，还可实现ScrollView内嵌操作。

ScrollView 控件还包含了诸如 ScrollTo 等命令，该命令可将可见区域移至虚拟层坐标系内，并使其处于焦点状态（对应坐标系源自虚拟层的左上角位置，即左上角处的(0,0)位置）。

当在 ScrollView 控件上使用 ScrollTo 函数时，需要在 ScrollView 的 Begin 和 End 命令内对其进行调用。例如，可添加 ScrollView 中的按钮，并移至虚拟区域的左上角位置，如下所示：

```
public Vector2 scrollPosition = Vector2.zero;
void OnGUI()
{
  scrollPosition = GUI.BeginScrollView(
  new Rect(10, 10, 100, 50),
  scrollPosition,
  new Rect(0, 0, 220, 10));

  if (GUI.Button(new Rect(120, 0, 100, 20), "Go to Top Left"))
    GUI.ScrollTo(new Rect(0, 0, 100, 20));

  GUI.EndScrollView();
}
```

另外，开启/关闭控件一侧的滑块，可使用 alwayShowHorizontal 和 alwayShowVertical 属性定义 BeginScrollView，相关内容将在更新后的 GUI.BeginScrollView 调用中予以高亮显示，如下所示：

```
Vector2 scrollPosition = Vector2.zero;
bool ShowVertical = false; // turn off vertical scrollbar
bool ShowHorizontal = false; // turn off horizontal scrollbar
void OnGUI() {
scrollPosition = GUI.BeginScrollView(
  new Rect(25, 325, 300, 200),
  scrollPosition,
  new Rect(0, 0, 400, 400),
  ShowHorizontal,
  ShowVertical);
  GUI.EndScrollView ();
}
```

13. 富文本格式

平面文本往往缺乏足够的吸引力，并迫使程序员针对全部屏幕文本创建图像。然而，Unity 提供了一种方式可启用富文本显示，即使用类似于 HTML 的样式定义控件上的文本（仅对标签和显示功能有效。对此，不建议将其与输入栏结合使用）。

在文本的 HTML 书写样式中，可采用下列标签丰富显示文本的效果：

下列标签将实现文本的粗体格式：

```
<b></b>
```

例如：

```
The <b>quick</b> brown <b>Fox</b> jumped over the <b>lazy Frog</b>
```

对应效果如下所示：

The **quick** brown **Fox** jumped over the **lazy Frog**

下列标签将实现文本的斜体格式：

```
<i></i>
```

例如：

```
The <b><i>quick</i></b> brown <b>Fox</b><i>jumped</i> over the<b>lazy Frog</b>
```

对应效果如下所示：

The ***quick*** brown **Fox** *jumped* over the **lazy Frog**

不难发现，下列标签将调整文本的尺寸：

```
<size></size>
```

作为参考，字体的默认尺寸通过字体自身设置。例如：

```
The <b><i>quick</i></b> <size=50>brown <b>Fox</b></size> <i>jumped</i> over
the <b>lazy Frog</b>
```

对应效果如下所示：

The ***quick*** **brown Fox** jumped over the **lazy Frog**

最后，还可采用 color 标签确定文本的不同颜色，如下所示：

```
<color></color>
```

其中，颜色自身使用 8 位的十六进制值表示，例如：

```
The <b><i>quick</i></b> <size=50><color=#a52a2aff>brown</color>
<b>Fox</b></size> <i>jumped</i> over the <b>lazy Frog</b>
```

需要注意的是，颜色采用了标准的RGBA色彩空间标记方式加以定义（参见http://en.wikipedia.org/wiki/RGBA_color_space），各通道包含了两个字符并构成了十六进制格式，例如RRGGBBAA。虽然颜色属性同样支持简洁的RGB颜色空间，但其中未涉及A，即Alpha分量，例如RRGGBB。

上述代码的对应效果如下所示：

The ***quick*** brown **Fox** *jumped* over the **lazy Frog**

在实际结果中，单词 brown 将显示为褐色。

此外，用户还可使用颜色名称对其进行引用，但其应用范围有限。关于富文本的更多细节内容，读者可阅读相关参考手册，对应网址为http://docs.unity3d.com/Manual/StyledText.html。

对于文本网格，存在两个额外的标签，如下所示：

- <material></material>
- <quad></quad>

当与现有网格进行关联时，方可使用上述文本网格。此处，材质表示为与当前网格关联的材质之一，并可通过网格索引号（应用于网格上的材质数组）进行访问。当应用于某一四边形上时，用户还可确定文本的尺寸、位置（(x,y)）、宽度和高度。

与文本网格相关的文档缺乏详细的内容，此处仅供参考使用。当深入讨论新UI系统时，还将提供更好的处理方法。

1.2　通用控件特性

针对控制流程、选择控制以及目标行为，原有的 GUI 系统同样提供了某些特性。这一类特性于 Unity V2 中被引入，可视为组件系统中的巨大进步。

1.2.1　分组控件

原有的 GUI 系统可在屏幕上实现控件的分组行为，并体现了基于组件位置的多个相对位置。这意味着，如果某一组件的位置为 X 50 和 Y 50，则该组件内的全部子控件位置始于(50,50)，尽管后者的位置定义为(0,0)。

类似于 ScrollView 控件，各组件包含起始位置和结束位置，进而定义了组件内的全部控件的范围，如下所示：

```
void OnGUI() {
  //Start a group at position 50, 50. 150 width and 60 height
  GUI.BeginGroup(new Rect (50,50,150,60));
  //Draw a label with a 10, 10 offset in the group
  GUI.Label(new Rect (10, 10, 100, 30), "Label in a Group");
  GUI.EndGroup();
}
```

其中，Label 控件在组件界内予以绘制，由于组件起始于 X 50，则 Label 的屏幕位置位于 X 60（50 + 10）处。相应地，边界外的任何内容均不予绘制。

与其他控件类似，组件可将其中的内容定义为包含相应 GUIStyle 的文本或纹理。

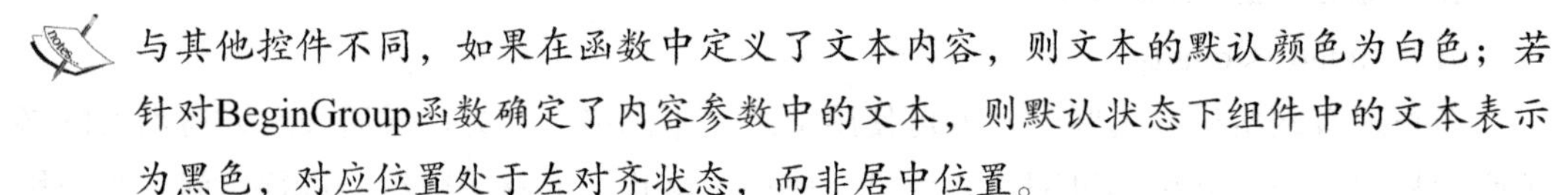

与其他控件不同，如果在函数中定义了文本内容，则文本的默认颜色为白色；若针对BeginGroup函数确定了内容参数中的文本，则默认状态下组件中的文本表示为黑色，对应位置处于左对齐状态，而非居中位置。

除此之外，默认条件下，组件并不支持富文本格式，因而需要通过GUIStyle对其进行适当调整。

1.2.2　命名控件

当各个控件通过脚本加以实现时，可在设置时对其进行命名，对于控制流程、访问基于键盘操作的各个输入栏，或者根据当前所选焦点控件继承相关逻辑时，该命名操作十分必要。

与大多数其他 Unity 功能项不同，用户无法直接命名控件，且不存在控件属性上的 Name 输入栏——仅表示为 GUI 系统命令，进而在屏幕上绘制内容，这一点与渲染管线类似。

对于 Unity 中的 GUI 控件，可简单地通知 GUI 系统，下一个即将绘制的控件包含一个名称，如下所示：

```
string login = "Would you like to play a game?";
void OnGUI() {
  GUI.SetNextControlName("MyAwesomeField");
  login = GUI.TextField(new Rect(10, 10, 200, 20), login);
}
```

1.2.3　获取焦点

当控件定义了对应的名称后，随后即可确定处于焦点状态的控件。若使特定控件处于焦点状态，可简单地调用下列函数：

```
GUI.FocusControl("MyAwesomeField");
```

随后，这将把用户的输入焦点或选择结果调整至包含该名称的特定 GUI 控件中。

当控件处于焦点状态时，通过调用下列函数，即可获取处于焦点状态的、特定控件的名称：

```
string selectedControl = GUI.GetNameOfFocusedControl();
```

如果处于焦点状态的控件包含名称，将返回针对该控件所设置的名称；相应地，如果不存在处于焦点的控件，或者处于焦点的控件未包含相应的名称，则函数返回空字符串。

作为命名和焦点机制的示例，用户可设置一个简单的登录 GUI，并通过验证行为以及有效特性实现用户的输入操作。

具体而言，可创建一个注册表，用户可输入账号和密码以登录游戏。出于安全考虑，密码的长度应大于 6 个字符（不支持弱密码）。

在开始阶段，可在项目中创建名为 IntermediateGUI 的新脚本（读者可下载代码以获取完整的项目内容），并利用下列代码替换原有内容。

```
using UnityEngine;
[ExecuteInEditMode]
public class IntermediateGUI : MonoBehaviour {
```

```
  public string username = "Enter username";
  public string password = "Enter password";
  private bool passwordInError = false;
  private string passwordErrorMessage =
    "<color=red>Password too short</color>";
}
```

通过登录操作或注册表中的参数，这将定义基础类。

另外，还需要添加简单的函数，并对所输入的密码进行验证，以满足相关安全策略，如下所示：

```
void CheckUserPasswordAndRegister()
{
  if (password.Length < 6)
  {
    //If the password is not long enough, mark it in error
    //and focus on the password field
    passwordInError = true;
    GUI.FocusControl("PasswordField");
  } else
  {
    passwordInError = false;
    GUI.FocusControl("");
    //Register User
  }
}
```

据此，可添加相应的 GUI 控件，如下所示：

```
void OnGUI() {
  //A tidy group for our fields and a box to decorate it
  GUI.BeginGroup(new Rect(Screen.width / 2 - 75,
    Screen.height / 2 - 80, 150,160));
  GUI.Box(new Rect(0,0,150,160), "User registration form");
  GUI.SetNextControlName("UsernameField");
  username = GUI.TextField(new Rect(10, 40, 130, 20), username);
  GUI.SetNextControlName("PasswordField");
  password = GUI.PasswordField(new Rect(10, 70, 130, 20),
    password,'*');
  if (passwordInError)
  {
    GUI.Label (new Rect (10, 100, 200, 20),
```

```
        passwordErrorMessage);
    }
    if (Event.current.isKey &&
        Event.current.keyCode == KeyCode.Return &&
         GUI.GetNameOfFocusedControl() == "PasswordField")
    {
      CheckUserPasswordAndRegister();
    }
    if (GUI.Button(new Rect(80, 130, 65, 20), "Register"))
    {
      CheckUserPasswordAndRegister();
    }
    GUI.EndGroup();
}
```

需要注意的是，关键字Event与原有GUI系统（遗留系统）相关，进而处理用户输入问题，稍后将对此加以详细讨论。

注意，这里不应与新GUI系统中的UnityEvent系统混淆。

对应 GUI 效果如图 1-11 所示。

图 1-11

上述示例分别绘制了文本框以及组件中较为简单的按钮，且文本框均位于居中位置。

代码检测用户是否按下 Enter 键，以及是否位于密码文本框内（通过 GUI.GetNameOfFocusedControl 函数进行检测），并于随后尝试对其进行注册。当用户单击 Register 按钮时也会出现类似的情形。

当用户的密码超过 6 个字符时，该用户将被注册；否则 passwordInError 标记将设置为 True，进而绘制附加标记内容，告知用户密码有可能被破解。

当查看最终结果时，还需要向场景中的活动GameObject或者Main Camera添加IntermediateGUI脚本。

1.2.4 工具提示

GUI 控件通常会具有与其自身关联的工具提示功能，当控件处于焦点或鼠标指针悬停于其上时，将会显示某些额外的文本信息。

工具提示的添加过程较为简单，当使用 GUIContent 类进行绘制时，替换该控件的内容即可。例如，可在前述脚本中按照下列方式更新 Register 按钮：

```
if (GUI.Button(new Rect(80, 130, 65, 20),
   new GUIContent("Register", "My Tooltip")))
{
   CheckUserPasswordAndRegister();
}
```

当工具提示定义完毕后，可在屏幕某处显示其内容，且通常作为标签予以显示。另外，任何控件均可显示相应的文本（针对输入文本框，不建议使用这一功能项）。因此，可在按钮代码块之后、EndGroup 函数之前加入下列代码：

```
GUI.Label (new Rect (10, 120, 65, 20), GUI.tooltip);
```

这将获取处于焦点状态的、当前工具提示中的相关内容，并返回该控件的工具提示文本。

对于文本显示以及纹理变化，GUIContent包含了多个选项，因而值得进一步考查。

1.2.5 Window 控件

Window 控件针对其他控件定义了独立的、可绘制的窗口。

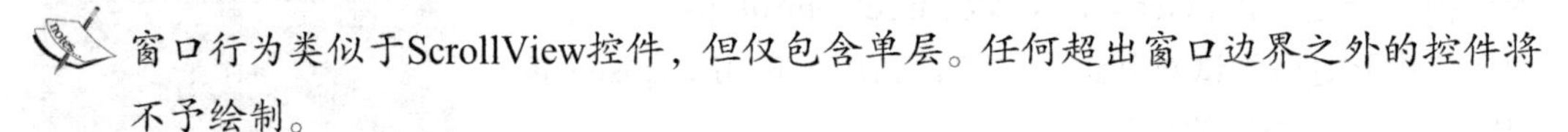
窗口行为类似于ScrollView控件，但仅包含单层。任何超出窗口边界之外的控件将不予绘制。

用户也可在Window内使用ScrollView控件，进而实现相同的功能。

当使用独立的 Window 控件时，用户可实现多项功能，其中包括：

- Window 控件的模式（modal）特征。

此处，模式表示当前窗口为唯一可操控的窗口；而非模式窗口则表示并列窗口。

- Window 控件的拖曳状态，也就是说窗口可通过鼠标或触摸方式进行拖曳。
- 各个 Window 控件的绘制顺序可对彼此之上的绘制窗口进行排序。
- 如果存在多个并列窗口或模式窗口，则存在某一特定窗口处于焦点状态。

通过 GUI Window 控件，可开启多个功能项。

完整的Windows控件示例位于示例项目的BasicGUI脚本文件中。其中，前述各个控件位于单一的Window控件中。

当创建 Window 控件时，需要通过下列签名针对 Window 控件定义新的回调方法：

```
void DoMyWindow(int windowID)
{
}
```

在该方法中，用户可使用前述示例添加 GUI 代码。当显示时，各个控件的位置基于窗口的左上角位置（与之前讨论的 Group 和 ScrollView 控件相同）。

除此之外，用户还可针对窗口设置前述内容所讨论的各种选项，如下所示：

```
void DoMyWindow(int windowID)
{
  GUI.Label(new Rect(25, 15, 100, 30), "Label");
  // Make the window Draggable
  GUI.DragWindow();
}
```

在 Window 控件方法的适当位置处，仅需调用 GUI.Window 函数即可。根据相关属性，可跟踪 Window 控件的位置，如下所示：

```
private Rect rctWindow1;

void OnGUI()
{
  Rect rctWindow1;
  rctWindow1 = GUI.Window(0,
  rctWindow1,
  DoMyWindow,
  "Controls Window");
}
```

通过下列属性，可将 Window 控件调用至视图中：

- 窗口 ID。
- Window 控件开启后的 Rect 位置。
- Window 控件 GUI 内容的委托方法。

- 当前窗口的名称/标题。

对于模式窗口，需要采用 GUI.ModalWindow 函数实例化窗口，而非 Window 函数，如下所示：

```
rctWindow1 = GUI.ModalWindow(0, rctWindow1, DoMyWindow, "Modal
   Controls Window");
```

当整合前述全部控件时，这将生成一个 Window 视图，如图 1-12 所示。

对于完整示例，读者可参考下载后的代码资源包，其中设置了全部定义。

图 1-12

1.3　GUI 样式和皮肤

为了避免简单背景以及贯穿整个项目中的单一字体，Unity 提供了多种选项，进而定义原 GUI 系统中的布局和观感样式，此类内容定义为 GUIStyle。

此类样式可通过GUISkin实现全局应用（稍后将对此加以讨论），或者针对各个控件独立使用（如图1-12所示）。

其中，各个样式均包含了多个选项，并定义了下列内容：

- 名称。
- 针对绑定控件不同状态的纹理或文本的颜色值（包括 Normal、Hover、Active 以及 Focused）。
- 控件的边框、外边界、内边界及上溢尺寸（针对各条边）。
- 字体（包括适宜尺寸、样式、对齐方式、自动换行以及富文本支持选项）。
- 文本剪裁尺寸。
- 控件中的图像位置。
- 控件内容中的偏移设置。
- 固定的宽度和高度。
- 宽度和高度的拉伸选项。

这里，建议在类中定义 public GUIStyle 属性，当设置 GUIStyle 时，可在 Editor Inspector 中对其进行调整，如下所示：

```
using UnityEngine;
[ExecuteInEditMode]
public class GUIStyles : MonoBehaviour {
  public GUIStyle;
  void OnGUI() {
    //Create a label using the GUIStyle property above
    GUI.Label(new Rect(25, 15, 100, 30), "Label",
      myGUIStyle);
  }
}
```

用户也可采用编码方式调整GUIStyle，但此处并不建议使用这一方法，编辑器方式已然足够。

需要注意的是，设置过多的GUIStyle将降低执行效率且难以维护。对此，可创建绑定至场景公共对象（例如Main Camera）的单一脚本，其中包含了所定义的全部GUIStyle，其各个脚本从中使用GUIStyle引用。

当利用 GUIStyle 属性将前述脚本绑定至场景的 GameObject 上时，其在 Inspector 中的效果如图 1-13 所示。

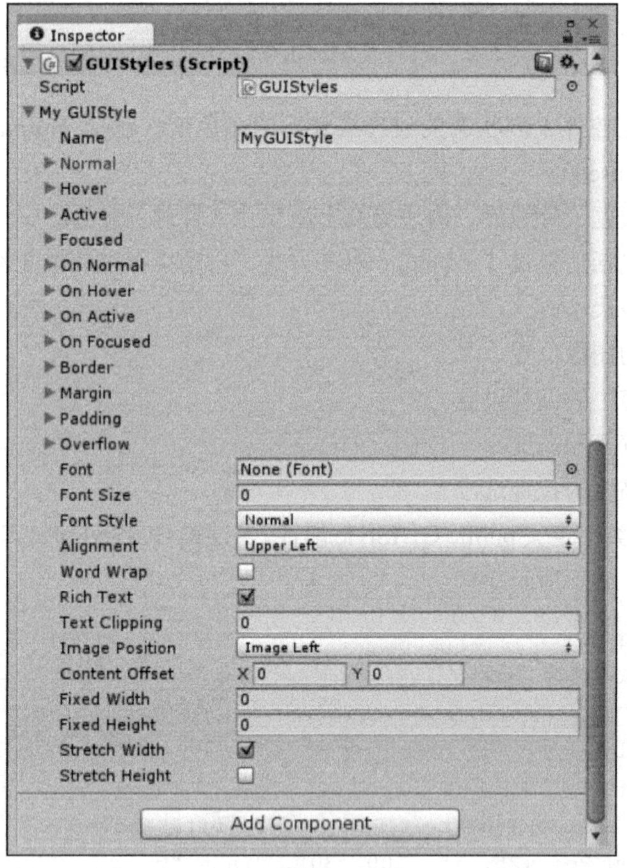

图 1-13

当在编辑器中首次打开脚本时，需要在控制台窗口中获取NullReferenceException，其原因在于之前尚未配置GUIStyle。

如果用户不希望直接在各个控件上统一使用某一样式，则可有选择性地创建 GUISkin，这针对各个控件类型包含了全部样式。随后，可在绘制控件之前通过 GUI 类将其投入使用。

GUISkin 包含了某些附加选项并可应用于 GUI 上，其中包括：

- ❑ 设置是否选择了双击操作。
- ❑ 设置是否选择了三击操作。
- ❑ 鼠标指针的颜色。
- ❑ 鼠标的闪烁速度。
- ❑ 默认的选取颜色。
- ❑ 自定义样式（表示为 GUIStyle 属性数组，并于随后可在控件上实现复用）。

对此，可在单击项目文件夹视图中的 Create 按钮，这将在项目视图中生成新的 GUISkin 资源数据。通过这一选取方式，Inspector 中的窗口效果如图 1-14 所示。

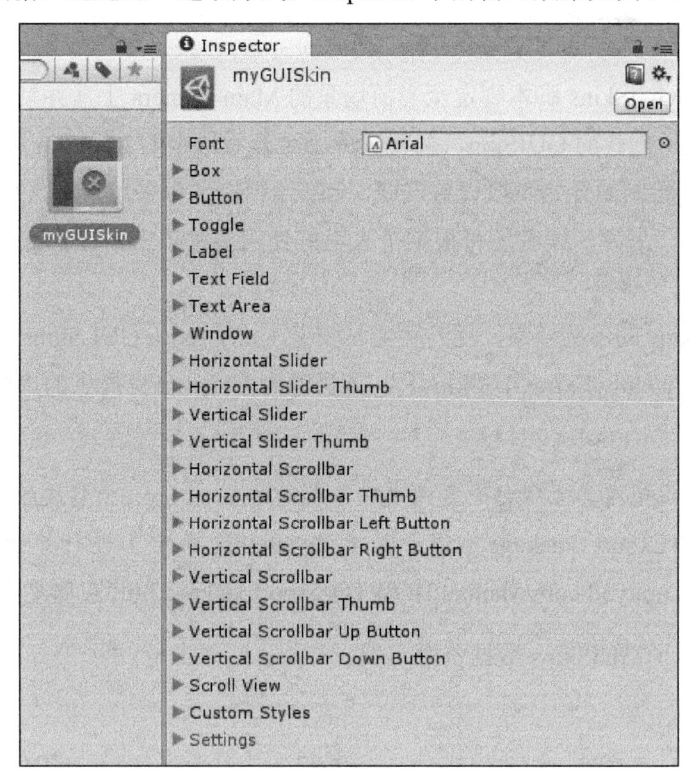

图 1-14

不难发现，针对各个控件，其中包含了针对全局样式调整的全部选项。当使用 GUISkin 时，可创建名为 GUISkins 的新脚本，并采用下列代码替换其内容：

```
using UnityEngine;
[ExecuteInEditMode]
public class GUISkins : MonoBehaviour {

  public GUISkin MySkin;
  void OnGUI()
  {
    GUI.skin = mySkin;
    GUI.Label(new Rect(25, 15, 100, 30), "Label");
    //Draw the rest of your controls
  }
}
```

随后，可将 GUISkins 脚本绑定至当前场景的 Main Camera 上（并禁用当前绑定的其他脚本），拖曳所创建的 GUISkin，并将其应用至查看器中的 My Skin 脚本属性上。

通过在 GUI 绘制的开始阶段设置皮肤，全部绘制控件可采用自定义皮肤，而非 Unity 提供的默认内容。另外，读者还可根据个人喜好使用多种皮肤，即在绘制控件之前适当调整皮肤即可。

关于 GUISkins 的示例效果，用户可尝试安装 Unity Extra GUI Skins 资源数据（对应网址为 http://bit.ly/UnityExtraGUISkins），该资源为 Unity 自身提供的皮肤示例集合（且完全免费）。

如果用户希望在其他项目中复用皮肤（或通过Asset Store出售皮肤资源），则可通过Unity的Export Package（位于菜单的Assets选项中）进行导出。读者可访问 http://docs.unity3d.com/Manual/HOWTO-exportpackage.html获取更多细节内容。

图 1-15 显示了 GUISkins 数据资源示例。

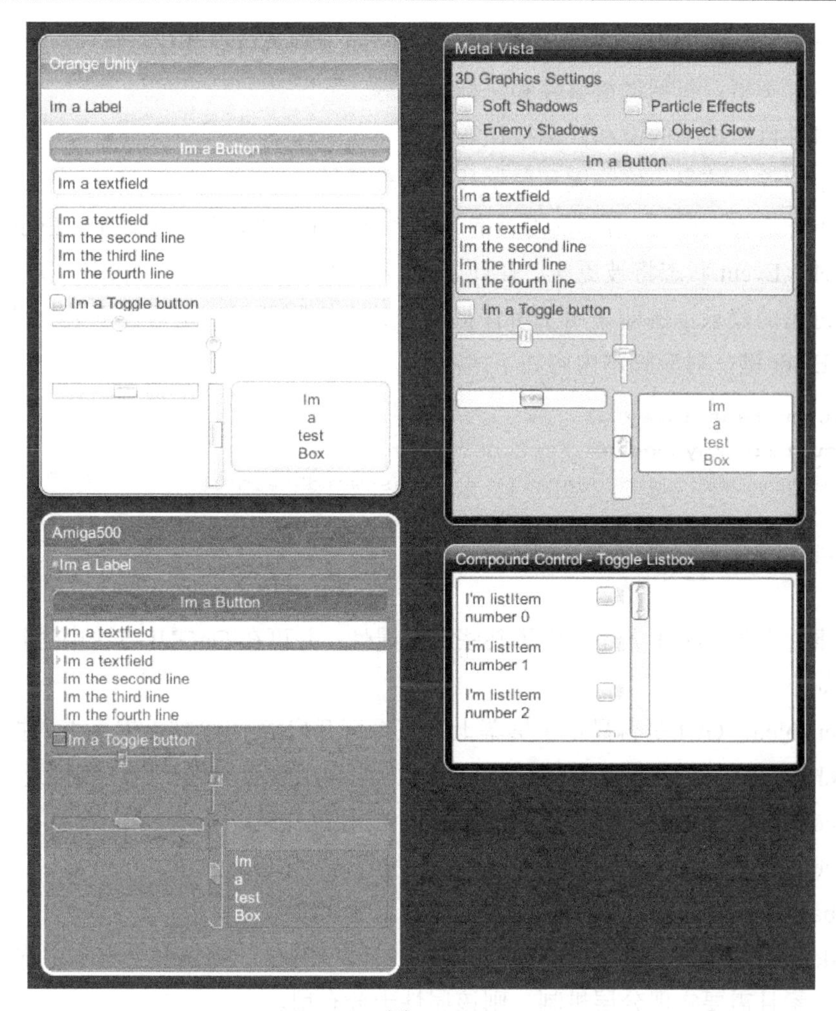

图 1-15

1.4　GUI 事件和属性

为了有效地支持原有 GUI 系统中的事件系统，Unity 针对 GUI 交互行为提供了事件处理器，并命名为 Event 类。

回忆一下，本节曾引用了原有GUI系统中的Event类。需要注意的是，这与新Unity UI系统中引入的UnityEvent系统并无关联。关于UnityEvent系统，读者可参考第6章。

这一类事件主要与用户和设备输入相关，并随下列内容而变化：

- 事件类型：包括键盘事件和鼠标事件等。
- 事件值：按下的键和鼠标按钮等。
- 事件综合信息：修饰键和鼠标移动偏移量等。

当对事件进行访问时，用户仅需查询 Event.current 属性，进而获取当前 Event 状态（当发生变化时，Event 状态将被更新。在此之前，用户可获得最近一次状态）。

之前讨论的登录示例即采用了事件机制，其中检测了用户是否按下某一键，且对应键是否为 Enter 键，对应脚本内容如下所示：

```
if (Event.current.isKey &&
 Event.current.keyCode == KeyCode.Return &&
   GUI.GetNameOfFocusedControl() == "PasswordField")
 {
   CheckUserPasswordAndRegister();
}
```

除了事件之外，GUI 类还提供了某些附加属性，并可在 OnGUI 方法中进行查询或设置，介绍如下。

- enabled：GUI 是否显示于屏幕上？是否可开启/关闭绘制于屏幕上的控件？
- changed：如果控件自从上次 OnGUI 方法调用发生变化，则该属性返回 true。
- color：该属性针对 GUI 布局表示为全局颜色样式。
- contentColor：该属性针对 GUI 表示为全局文本色彩样式。
- backgroundColor：该属性表示为库背景色彩样式。
- depth：该属性表示为当前 GUI 脚本的深度顺序。如果多个脚本中均包含 GUI 元素且需要实现分层机制，则该属性十分有用。
- matrix：针对当前 GUI 的 3D 转换矩阵。

通过不同空间之间的设置操作，上述各元素可用于覆写全部控件或独立控件。

1.5　布局控件

如果不希望在 GUI 中手绘各个独立控件，Unity 通过 GUILayout 类提供了某些自动布局控件。

Layout 控件（使用 GUILayout 而非仅仅是 GUI）与常规 GUI 类包含了相同的控件集

（因而此处不予赘述），其主要差别在于，用户无须确定 Rect 区域绘制控件，并可在首个适宜位置进行绘制；其他添加的控件可实现适当的布局，且控件间保留足够的间隔。

用户还可控制间隔值，必要时，还可采用 GUILayout 的 Width、Height 和 Spacing 属性（Space/FlexibleSpace）实现空间距，并遵循与 GUI 控件相同的规则（在绘制控件前设置 GUILayout）。

如果不希望控件布局效果包含最大间距，则可针对 Width（MaxWidth/MinWidth）和 Height（MaxHeight/MinHeight）进行设置。

相关差异如下所示：

- BeginGroup 变为 BeginArea。
- 包含水平和垂直组件（子组件）。

1.5.1 BeginArea

新系统中定义了 Areas 而非 Groups，除了名称之外，其行为并无差异。该布局控件接收 Rect 参数，进而确定控件的绘制位置（不包含 Window 控件）；随后，全部 GUILayout 控件与 Area 对齐，对应方式与 Group 中相同。

当使用GUILayout控件时，建议将其置于Area中，进而获取最佳效果。

1.5.2 水平和垂直布局组件

当操控控件的布局时，需要定义一组控件集，并在特定方向上进行绘制，包括水平方向和垂直方向。对此，可设置 GUILayout.BeginHorizontal 和 GUILayout.EndHorizontal 命令。类似于 Area，用户可为新的子区域设定附加内容，例如文本和纹理。

1.6 Asset Store

在 Asset Store 中，Unity 中包含了多个资源包，并可构建更为精美的 UI 系统，且获得了不同程度的成功。然而，其中也可能隐含着某些底层问题，此类资源包并非是 Unity 发布，且从未访问 Unity 编辑器的底层运行器和渲染组件，这可能会导致某些性能问题（但在某些场合，其运行速度快于遗留 GUI 系统，特别是移动平台）。尽管缺乏 Unity 内部组件的支持，但大多数资源包运行良好。

随着 Unity 新 UI 系统的发布，建议在此基础上检测 GUI 数据资源的状态。因此，某些资源数据将会逐渐退出市场。尽管如此，NGUI 却依然存在（对应网址为 http://bit.ly/UnityAssetStore-NGUI），并提供了多种有效的资源包，在简化应用的同时还向其他数据资源提供了相应的整合方法。

1.7　重新设计系统

遗留系统已然存在了较长时间（如果用户对此有所了解，则会对其生命周期感到惊奇）。自 Unity 4.6 以来，UI 系统则产生了某些变化，其研发过程较为漫长，但却值得期待。

需要说明的是，本节内容仅作简要介绍，后续章节还将实现进一步的讨论。

在意识到变化的必要性后，Unity 重新设计了 GUI 系统，考查了游戏开发需求，并参考了开发社区所提供的内容（甚至借鉴了禁用 Unity 内核这一行为），最终发布了最新的 Unity UI 系统。

新系统的研发过程充满了艰辛，但毕竟已经开启了征程——Unity UI 的设计过程并非终止于 Unity 4.6，在 Unity 5 中，发展的脚步依然不会停止。

从发展的眼光来看，Uinity UI 新系统提供了如下核心内容：

- 可扩展性。各个控件均表示为一个脚本，并可通过新脚本实现继承机制，进而创建自己的控件。
- 精灵对象。Unity UI 新系统在 Unity 4.3 引入的精灵系统上予以构建，其中涵盖了某些最新的特性。
- 与 GameObject 紧密整合。各个控件均表示为独立 GameObject，其行为与其他游戏 GameObject 并无区别，包括添加组件和脚本。
- 事件的“公开化”：各个空间包含自身的事件，用户可对其进行绑定或实施进一步的扩展。
- 与渲染和更新循环紧密整合。由于控件定义为 GameObject，用户甚至可覆写某一控件的渲染和更新操作。

- 动画。各个控件可通过全新的 Animator 编辑器和 Mecanim 实现动画效果。某些控件（例如按钮）可利用 Mecanim 实现状态驱动控制，甚至存在特定的动画事件。
- 屏幕空间和世界空间。UI 可通过高效方式在 3D 空间内进行绘制，其中不会对项目产生负面影响，且无须使用到高级特性。
- 免费性。UI 系统是 Unity 免费版本中的标准内容（这对于独立开发者而言无疑是一条好消息）。
- 开源性。UI 系统具有开源特征，用户可对其进行分析，甚至提交补丁或修复建议。

1.8 新的布局方案

布局特性始于 Unity 的最新 UI 系统，其中设置了不同阶段，并定义了控件的绘制位置、绘制方向以及与特定区域间的适配方式。

1.8.1 Rect Transform 控件

Unity 4.3 中引入了精灵对象，Rect Transform 组件针对 Unity 系统中的 2D 元素提供了既定区域。然而，类似于 Unity 4.6 中的大多数内容，这一更新版本可对所管理的区域施加更多控制，如图 1-16 所示。

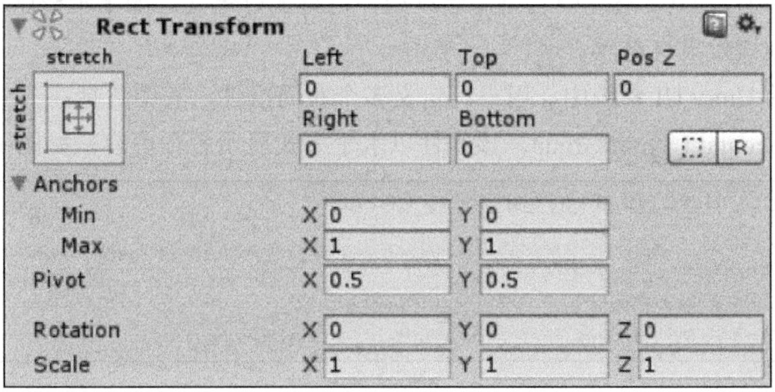

图 1-16

除此之外，编辑器中还新增了名为 Rect Tool 的按钮，并可根据场景视图编辑和管理 Rect Transform，如图 1-17 所示。

图 1-17

1.8.2 Canvas 控件

在全部 Unity UI 绘制系统中，Canvas 控件可视为核心内容，并饰演了 Unity UI 控件（甚至是其他控件）的画板这一角色，渲染操作相对于场景中的特定点进行绘制。

经改进后，Canvas 也可通过基本的 2D 叠加模式、2D 相机空间（可添加透视效果）进行绘制（这与传统的 GUI 系统一致），甚至也可在 3D 场景空间中直接绘制，这一点与其他传统的 3D 对象相同（例如 UI 的渲染目标），如图 1-18 所示。

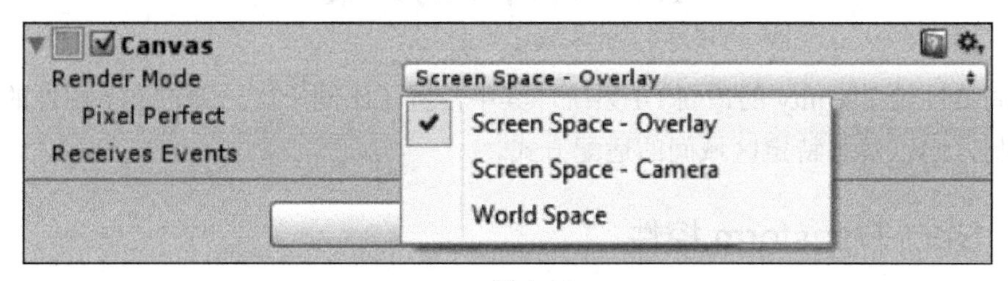

图 1-18

1.8.3 布局组件

在传统的遗留 GUI 系统中，组件通过控件自身加以定义。如果希望以特定方式定位多个组件，则该效果将难以实现。

在最新的 Unity UI 系统中，用户可定义多个布局组件，其中包括：

- Horizontal Layout Group。该组件以水平方式显示各项内容，如图 1-19 所示。

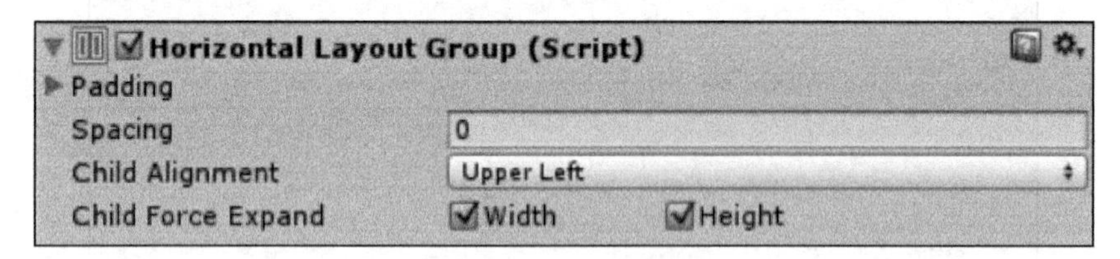

图 1-19

- Vertical Layout Group。该组件以垂直方式显示控件，如图 1-20 所示。

图 1-20

- Grid Layout Group。该组件根据行、列网格模式对控件进行布局，如图 1-21 所示。

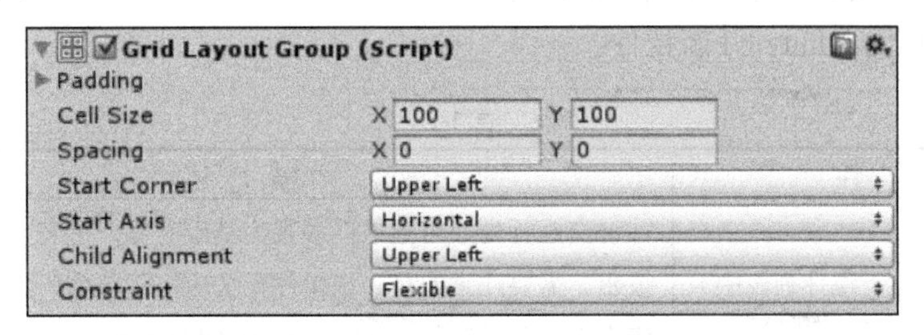

图 1-21

- Toggle Group。该组件对切换控件进行管理，并将其整合至组件中，每次仅单一控件处于激活状态。
- Canvas Group。该组件可对子 UI 控件进行管理，并对该组件内的多个公共属性产生影响，例如子项的 Alpha 值，如图 1-22 所示。

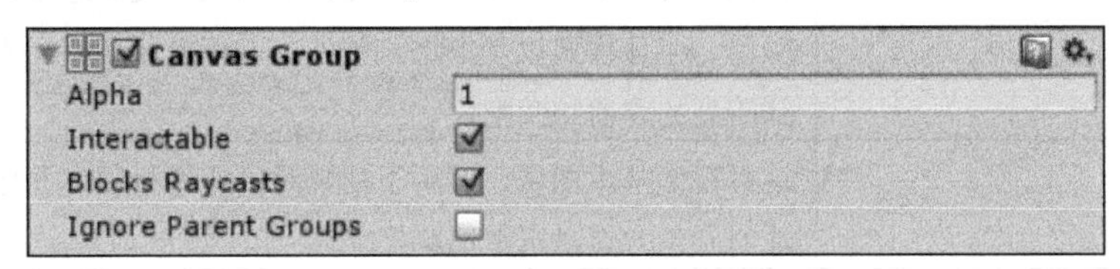

图 1-22

第 2 章将对上述组件加以深入讨论。

1.8.4 遮挡机制

在最新的 Unity UI 系统中，针对遮挡功能（在特定区域内隐藏部分 UI）设置了 Mask 组件，并可添加至任意 GameObject，以及位于父 GameObject 边界之外的子对象中（此类对象通常不予绘制）。

Image 控件（稍后将予以重点介绍）同样包含了附加的遮挡特性，此时，图像的 Image

Type 属性将被设置为 Filled；除此之外，还存在多个附加的遮挡选项，并可采用渐进方式将图像显示于视图中。稍后将对此予以介绍。

1.9 新 控 件

当对 GUI 进行考查时，应了解具体需求以及 Unity 所支持的功能项。下面将讨论 UI 的构建过程，以及设计过程中所需的内容。

表 1-2 列出了 Unity UI 新控件。

表 1-2

控　件	描　述
Selectable（仅位于组件列表中）	针对交互行为，可选组件可视为基础对象，并将其他组件转化为按钮。需要注意的是，该组件无法应用于包含可选组件（按钮、切换组件及滑动条）的同一 GameObject 上
Panel	类似于 Box 控件，这也是一个突显区域，当添加其他组件时，主要用于定义分组组件。此时，仅使用 Rect Transform 则无法满足要求（实际上，这可视为 Image 控件，并包含了预置图像且设置为全屏模式）
Text	该控件可满足文本要求，并提供了相应的文本选项，例如字体、颜色、字体样式以及上溢。另外，还可重新调整文本大小，并与其所处的容器相匹配
Image	这可视为基本图像，可用于精灵对象或者材质，并包含了某些可选的颜色方案显示于屏幕上
Raw Image	表示为可供选择的图像显示组件，接收纹理数据，而非精灵对象或材质，并可定义相应的颜色方案。除此之外，相关选项还可进一步设置显式图像的 UV 坐标
Button	如果用户需要使用红色（颜色可选）按钮，则该控件可满足这一要求。Button 控件接收大量可选项，且均包含自身的解释内容。另外，该控件还包含了最新的 UnityEvent 框架，通过某些操作行为，可对其他的对象或源自编辑器的脚本产生影响。针对不同的按钮状态，用户还可设置不同的色彩方案、置换图像，或者必要时还可采用 Mecanim 或最新的动画系统在不同状态间实现按钮的动画效果

续表

控　　件	描　　述
Toggle	切换控件采用了按钮行为，并可视为新 UI 框架中较好的扩展示例。该控件向按钮框架加入了额外的属性，进而可确定复选框图形，以及复选框分组选项（采用 Toggle 组件）
Scrollbar	常见的滚动栏包含了滑块、控制方向的自定义选项、最小值和最大值、步进尺寸，以及滑动间的步进量。另外，该控件还包含了事件系统，当值发生变化时可应用于按钮之上
Slider	表示为 Scrollbar 的高级版本，并包含了多个填充选项（针对可缩小的滑块），因而用户可方便地构建游戏中的血条

1.10　新 UnityEvent 系统

一直以来，Unity 缺乏良好、健壮的事件系统，虽然有 SendMessage 和 BroadcastMessage 函数的支持，但此类函数运算较慢且计算开销较大。

最新的 UnityEvent 系统可处理基于场景的全部事件，且主要针对新 UI 系统。与 Unity 4.x 类型相比，该系统具有可扩展性，用户可进一步完善组件和脚本，自动将其“暴露”于事件系统中，进而对新出现的事件进行驱动。

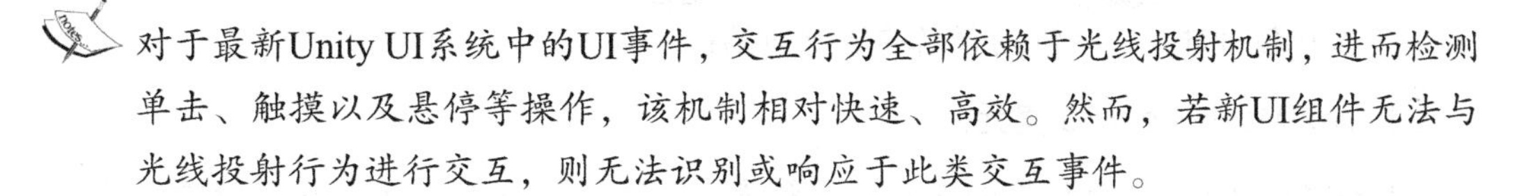

对于最新Unity UI系统中的UI事件，交互行为全部依赖于光线投射机制，进而检测单击、触摸以及悬停等操作，该机制相对快速、高效。然而，若新UI组件无法与光线投射行为进行交互，则无法识别或响应于此类交互事件。

1.11　控件的扩展性

在最新的 UI 系统中，各个组件均视为脚本，这一特性意味着，针对所创建的新脚本，组件可表示为基础类型，用户可依据原有方式使用组件或者进一步对其进行扩展。

第 6 章将讨论上述组件背后的编码行为，包括开源库的分析，其中涉及了大量的示例以及可复用的组件。

1.12　动 画 效 果

动画可视为新 UI 系统的核心内容（动画在 2D 精灵系统的基础上加以构建）。在最新的 Unity UI 系统中，各个独立的控件或组件均可实现动画效果。

不仅如此，针对属性的动画方式，新系统还提供了不同的模式，包括可利用控件行为调整、更新的静态固定值和动态值。

1.13　Asset Store 中的资源

大量研发人员均参与了 Beta 版本的开发过程，资源开发者们不遗余力地追赶新技术的步伐，并利用最新的 UI 系统发布软件。在此基础上，某些现有的项目（甚至是工具包）获得了较大的改进。

需要注意的是，作者本人见证了UI系统Beta版本的演变过程，相关建议均来自于此。本节所描述的内容源自实际工作经验，并以此处理UI系统中的一些问题和局限性（当然，Unity及其开发团队的发展脚步从未停止）。

在后续章节中，这一观点（或相关问题）还将被反复强调。

在本书编写时，一些较为著名的资源包括：

1. TextMeshPro（65 美元）

TextMeshPro 是一款优秀的文本管理系统，并对早期 Unity 文本渲染系统做出了有益的补充。Unity 计划替换其原有的文本系统，TextMeshPro 则是其中的佼佼者，并基于 Unity 实现了文本生成技术（设计者无须创建大量的文本数据资源）。

TextMeshPro 经历了长期的研发过程，但其作者从未停止前进的步伐，软件针对最新的 UI 系统予以更新。在经历了初期的渲染阶段后，TextMeshPro 添加了诸多改进特性，例如对齐、缩排、富文本，甚至是针对生成文本的顶点动画效果（读者可访问 http://bit.ly/TextMeshProAnimation 获取更多信息）。

读者可在 Asset Store 中获取 TextMeshPro，对应网址为 http://bit.ly/UnityUITextMeshPro。

2. GUI Generator（40 美元）

GUI Generator 旨在创建简洁、高效的 UI，其发展过程包括早期的 GUI，随后则是 NGUI，直至当前最新的 Unity UI 系统。对于改进 UI 的观感，GUI Generator 则是一款快速、高级的开发工具（不仅可创建 UI，还可对其进行样式化处理）。

除此之外，GUI Generator 还包含了诸多内建功能，用户可添加至自己的 UI 系统中。类似于 TextMeshPro。GUI Generator 经不断更新后，可处理最新的 UI 元素，以使其外观达到最佳效果。

读者可在 Asset Store 中获取 GUI Generator，对应网址为 http://bit.ly/UnityUIGUIGenerator。

1.14　MenuPage

对于最新的 UI 系统，并非每种资源均是全功能型工具，某些时候用户仅需要使用包含良好效果的最新 UI 内容，这也是 MenuPage 的用武之地。

简单地讲，MenuPage 旨在利用最新的 UI 系统自动构建菜单系统，经配置和布局后，可提供某些高级特性，例如淡入淡出效果以及渐变效果等。

除此之外，用户还可查看其全部代码；同时，MenuPage 还实现了良好的文档化管理，并包含了丰富的注释内容，相信读者可从中受益良多。

读者可访问 http://bit.ly/UnityUIMenuPage 获取 MenuPage。

1.15　本章小结

本章对 UI 系统进行了全面的回顾与展望，自该系统在 Unity 中出现以来，其发展脚步从未停止。当然，每一个特性均有利弊及其各自的用途。相应地，存在多种场合可利用 Unity 中的遗留 GUI 系统实现相应的效果（例如，对于欢迎画面，可使用 GUI.DrawTexture，尽管这一操作在最新的 UI 系统中同样易于实现），当对性能要求较高时尤其如此，例如移动平台。基本上这涉及实现内容和具体方式，且遗留系统仍值得关注（当然，某些过于陈旧的内容则是例外，例如 GUIText 和 GUITexture）。

本章主要讨论了以下内容：

- Unity 遗留系统的历史。

- Unity 中原 GUI 系统中的详细内容。
- 最新 Unity UI 系统概览及其相关功能项。

第 2 章将考查最新 UI 系统的底层框架及其细节内容，其中包括：

- 最新的 Rect Transform 控件（不仅是针对 Unity UI 系统）。
- 最新的 Rect Transform 组件（及其优点）。
- Canvas 控件。
- 在 Unity 中，UI 的缩放和分辨率操作方式。
- 针对 Unity UI 系统的改进后的 Event 消息系统，其中涉及光线投射机制及其相关辅助方法。

第 3 章则讨论 UI 系统的实现过程，并通过多种方式将其置于游戏场景中。

第2章　构造布局

在深入考查核心内容之前，下面首先简要地讨论一下最新的 Unity UI 系统。Unity UI 旨在向开发人员提供帮助，以使其完成独特的 UI 设计。

本章首先介绍 Unity UI 的基础构造知识，多数内容集中于 Sprite 2D 系统，该系统于 Unity 4.3 中被引入。由此开始，Unity UI 将逐渐加大问题的深度，在最新的精灵系统中，几乎各底层部分均得到了不同程度的改进和扩展；否则，用户可依据基础框架进行扩展。如果读者不喜欢 Unity 的整合方式，也可尝试自行设计。

本章主要涉及以下内容：

- 最新的 Rect Transform。
- Unity UI 中的 Canvas。
- 布局和分组系统。
- Unity 事件和最新的 EventSystem。

本章主要介绍UI系统后的基础框架和布局，且不涉及独立的控件。具体控件将在第3章中加以深入讨论。

在开始实现构造过程之前，本章首先讨论沙箱原理。

2.1　Rect Transform

Rect Transform 这一理念源自 Unity 4.3，其中涵盖了最新的 Sprite 系统。当编辑精灵对象表（spritesheet）时，此类对象将显示于精灵编辑器中，其中包含了对应的矩形区域，并可据此对精灵表中的相关区域予以识别。除此之外，该区域内还包含了精灵对象纹理。随后，这可用作精灵对象绘制操作的基本内容。

2.1.1　Rect 工具

针对多个控件及其精灵对象在场景中的绘制方式，这一需求引发了 Unity 编辑器中的新控件，即 Rect Tool，该控件在主工具栏中的位置如图 2-1 所示。

在默认模式下，该工具可实现精灵对象的视效缩放，如图 2-2 所示。

图 2-1

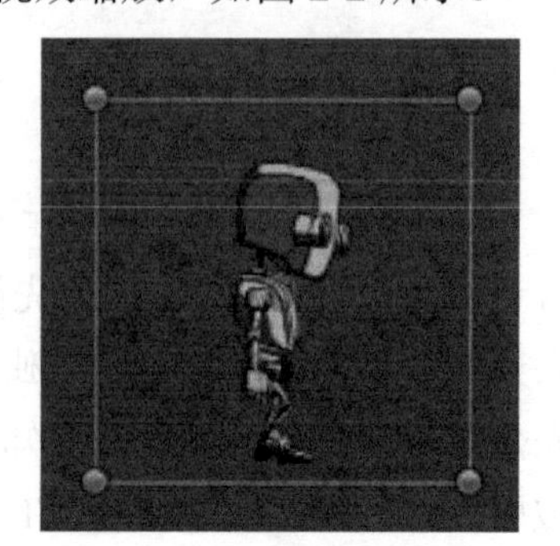

图 2-2

如果读者无法看清图中的蓝色控制点，则可适当滚动缩放视图。在较低的缩放级别上，精灵对象周围无法清晰地查看到控制点。

这里，图中显示了 4 个控制点，分别位于各个角点处，并可前后缩放精灵对象；另外，中心圆位置表示为当前中点。

需要注意的是，当移动任意角控制点且按下Shift功能键时，将均一地缩放精灵对象，且该对象的宽高比保持不变。

实际上，该工具用于管理引入至场景中的精灵对象。

2.1.2　Rect Transform 组件

针对 2D 或 3D 对象，前述 Rect Tool 工作效果良好，并可视为 Unity 工具集的扩展内容。另外，Unity 还针对 UI 系统专门引入了 Rect Transform 组件，如图 2-3 和图 2-4 所示。

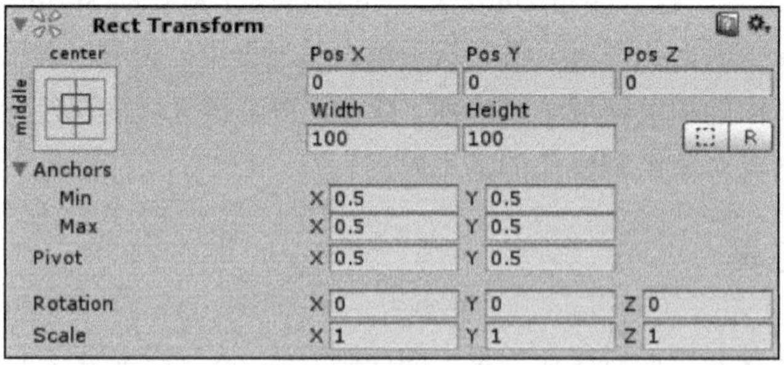

图 2-3

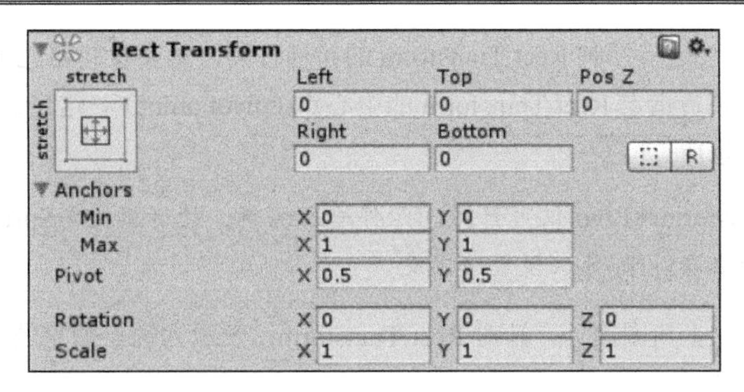

图 2-4

需要注意的是，如果向普通精灵对象（而非UI组件）中加入Rect Transform，则无法获取此处所描述的全部功能项。Rect Transform无法更新精灵对象独自使用的Sprite Renderer组件，因而无法实现缩放行为以及某些高级特性，例如锚点。Rect Transform产生的原因主要在于最新的UI系统。

不难发现，这不同于之前看到的常规 GameObject 上的标准转换组件，但作为常规转换，其中包含了相同的 Rotation 和 Scale 参数。下列内容针对新属性进行了简要的介绍。

Rect Transform位置值的变化与锚点处于固定模式或拉伸模式相关。关于锚点的更多内容，读者可参考第4章。

- Pos X/Pos Y/Pos Z（处于非拉伸模式下）：这将在缩放或旋转之前确定 Rect Transform 中 Pivot 的 X、Y、Z 位置。
- Width/Height（处于非拉伸模式下）：确定 Rect Transform 区域的宽度和高度值。
- Left/Top/Right/Bottom（拉伸模式下）：当 Rect Transform 使用拉伸锚点时，此类值用于替换上述各项属性，并用于确定 Transforms Pivot 点的偏移位置（相对于父 Rect Transform 的边界）。
- Blueprint mode：这将把 Rect Transform 的所选角点调整为非旋转和非缩放盒体。基本的 Rect 选取面积通过前述参数加以确定，如图 2-5 所示。
- Raw mode：通过选择该切换操作，中心点或缩放变化不会改变 Rect Transform 的位置和尺寸，如图 2-6 所示。

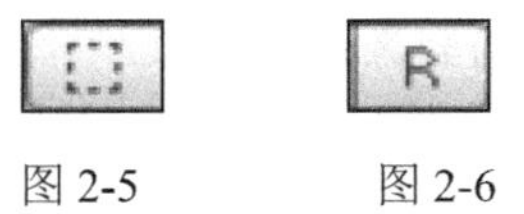

图 2-5　　图 2-6

- Anchors：这将控制 Rect Transform 的布局行为，第 4 章将对此加以讨论。
- Pivot：负责指定 Rect Transform 的中心点（pivot point），这也是 Rect Transform 旋转的场所。

Rect Transform的Pivot仅可针对UI组件进行编辑，读者不要与Sprite对象的中心点混淆，后者在Sprite导入设置中定义。

- 锚点（左上角图案）：针对 Rect Transform，表示为锚点调整的图形化方式（参见第 4 章）。

Rect Transform 组件涵盖于场景的全部 Unity UI 对象中，而非常规的 Transform 组件，进而构成了 Unity UI 空间布局的核心内容。

如果向GameObject添加了Rect Transform组件，将自动替换Transform组件。当移除Rect Transform组件时，将恢复至标准的Transform组件。

当使用 UI 控件时，Rect Tool 将会响应工具栏中的控件修改器，且与当前设置紧密相关。图 2-7 显示了两个修改器按钮，且分别包含了两项设置。

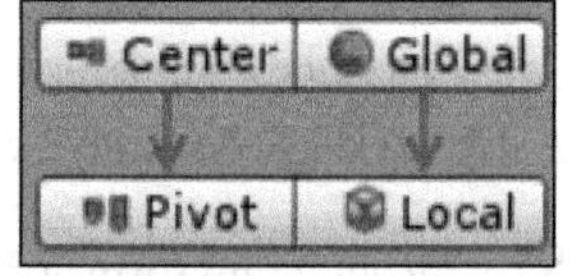

图 2-7

当 Rect Tool 被选取后，基于 UI 控件的切换行为如下所示。

- Center：Rect 所选区域的中心点类似于锚点，在其上按下鼠标按键时将围绕屏幕移动 Rect。
- Pivot：当在所选 Rect 上按下鼠标按键时，将围绕当前对象移动中心点，因而可调整对象的中心点（围绕该点，对象可进行旋转和缩放）。
- Global：在 Global 模式中，针对 Rect Transform 的所选区域将围绕全部对象，包括旋转空间。如果 Rect 处于旋转状态，则所选区域为非旋转状态，其尺寸将变为 Rect 的全部所用空间。
- Local：当处于 Local 模式时，所选区域将紧贴旋转后的 Rect Transform，同时，所选区域也处于旋转状态。

回忆一下，源图像的Pivot点与Rect Transform的Pivot点彼此独立；调整Rect Transform的Pivot点不会影响到源精灵对象/图像的Pivot点。

2.1.3 缩放 Rect Transform

需要注意的是，当对 Rect Transform 进行缩放时，还应对对象的 Pivot 点予以适当处理。

对于中心位置的 Pivot 点，缩放操作按比例贯穿全部 Rect Transform。若将 Pivot 点移至某一角点，缩放行为可与 Pivot 所处的角点适配。

需要注意的是，缩放行为也可产生某些奇怪的结果。

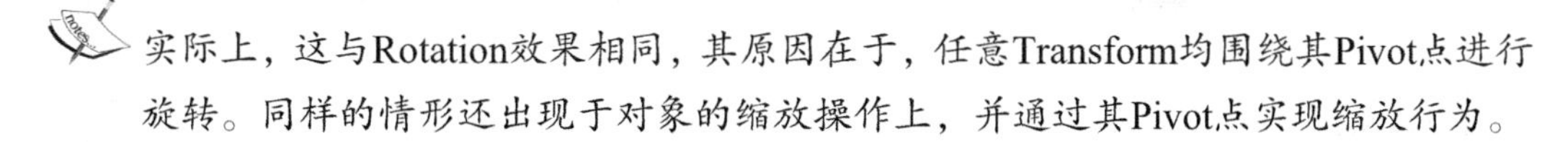
实际上，这与Rotation效果相同，其原因在于，任意Transform均围绕其Pivot点进行旋转。同样的情形还出现于对象的缩放操作上，并通过其Pivot点实现缩放行为。

2.1.4 Canvas

在 Unity UI 新系统中，Canvas 可视为 Unity 中的基本内容。

简而言之，Canvas 表示为 UI 元素的画板（从其名称中也可猜测到这一点）。传统的 GUI 系统将 GUILayer 组件绑定于特定的相机上。相比较而言，Canvas 则包含独立的组件，并可在默认状态下叠加于当前渲染场景上（类似于传统的 GUI）；同时，还可利用自身的透视效果绑定于特定的相机对象上，甚至像其他 3D 对象那样内嵌至 3D 场景中。

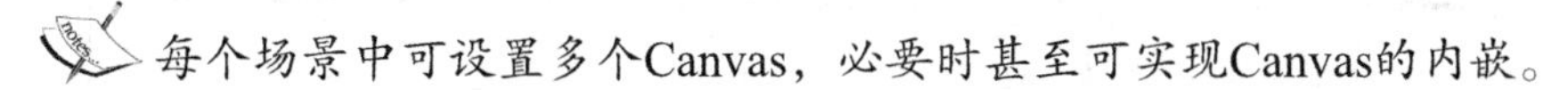
每个场景中可设置多个Canvas，必要时甚至可实现Canvas的内嵌。

当向场景中添加新的 UI 控件时，Unity 自动向层次结构中添加基对象 Canvas，以使新 UI 控件表示为 Canvas 的子对象。未实现这一关系的新 UI 元素均不会在屏幕上进行绘制。

如果拖曳源自Canvas的Unity UI控件，并将其作为场景其他对象（非Canvas对象的子对象）的父对象，则该对象不会被绘制并予以忽略。若将其拖曳至Unity项目层次结构的最上方，也会发生同样的情形。

Unity还向场景添加了EventSystem（若不存在），稍后在Event System系统中将对此加以解释。

对此，可在项目中开启新场景，并执行下列步骤：

- 创建新的 Canvas，即选择层次结构窗口中的 Create | UI | Canvas 选项。

❑ 创建 UI 组件，即选择层次结构窗口中的 Create | UI | Go Wild（选择任意控件）。

随后，可选择项目层次结构中的 Canvas，Inspector 窗口中的内容如图 2-8 所示，其中包含默认的 Screen Space – Overlay Render Mode。

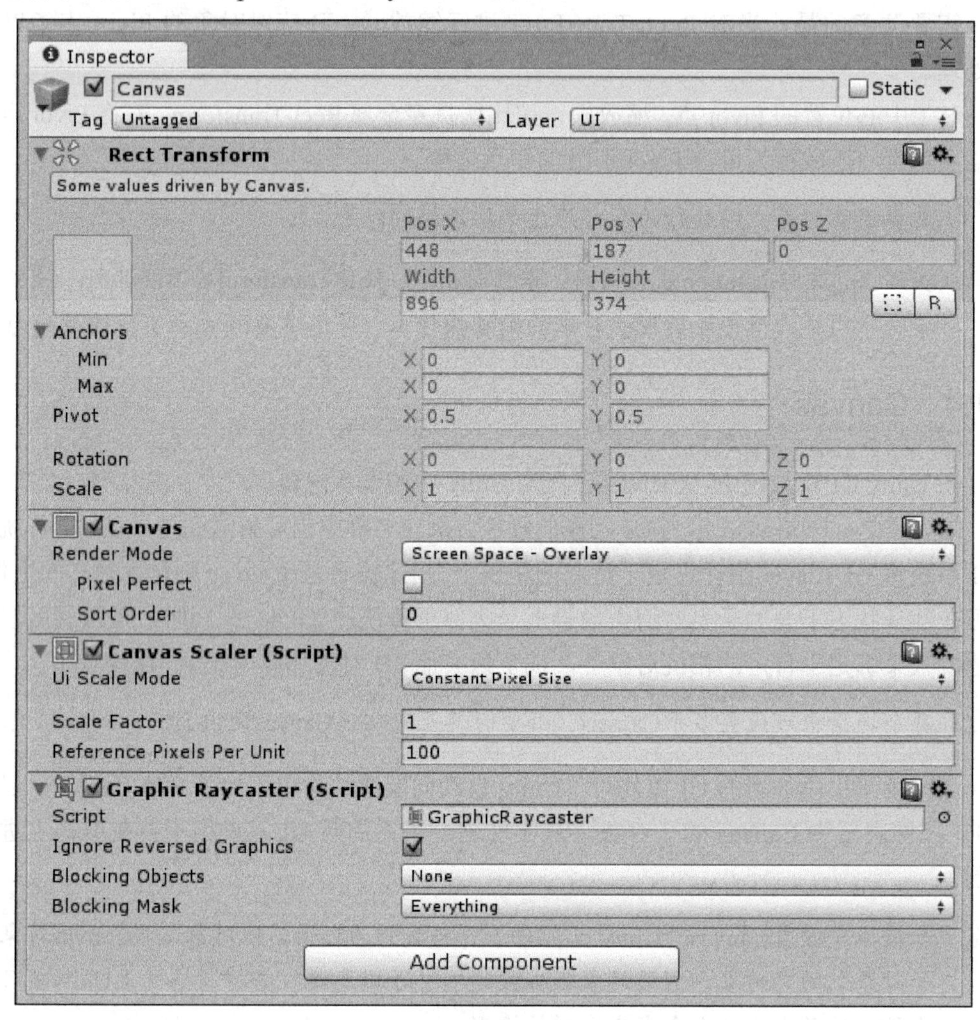

图 2-8

另外，还可将 Canvas Render Mode 调整至 Screen Space – Camera 选项，如图 2-9 所示。

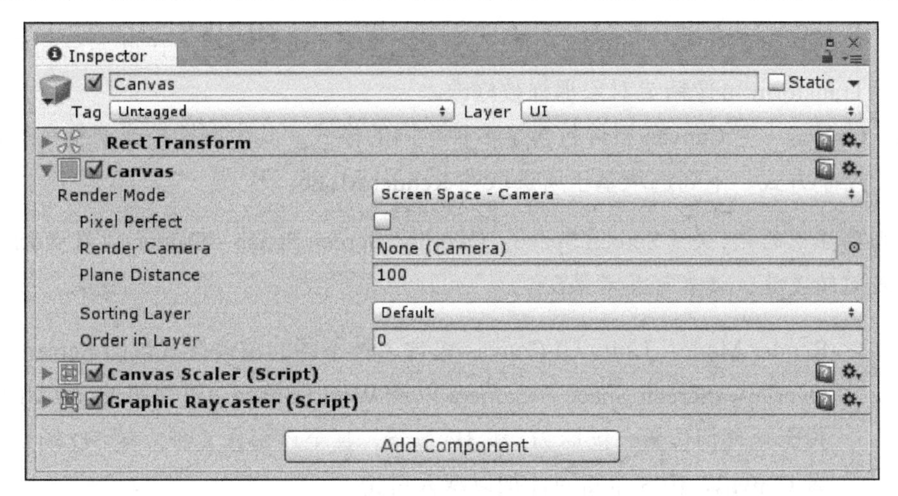

图 2-9

或者选择如图 2-10 所示的 World Space Canvas Render Mode。

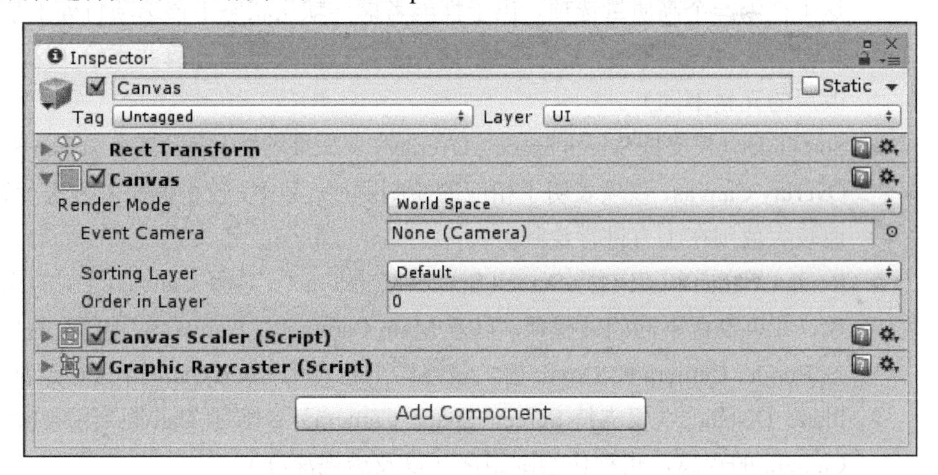

图 2-10

下面对各个选项逐一加以考查。

相关内容横跨本节和其他章节，由于内容繁多，因而此处仅选取较为重要的知识点加以讨论。

- Rect Transform：表示为 Canvas 的基 Rect Transform，默认状态下设置为所选平台/屏幕分辨率尺寸。读者会注意到，基 Canvas 的 Rect Transform 针对 Screen Space Canvas 设置为只读——平台分辨率将其驱动为全屏且无法被修改。当然，用户也可创建子 Canvas 元素，进而对其尺寸进行调整。在世界空间内，Rect Transform 可像精灵对象那样被修改。

- Canvas：主 Canvas 组件包含了多种不同的模式，其中可操控或调整在场景中的绘制方式。下列选项基于所选取的 Render Mode。

需要注意的是，关于Screen Space – Overlay、Screen Space – Camera以及World Space之间的差异，读者可参考第6章。

  - Render Mode：Unity UI Canvas 包含 3 种不同的渲染模式，即 Screen Space – Overlay、Screen Space – Camera 以及 World Space，进而将 Unity UI Canvas 投影至任何位置，包括 2D 和 3D 场景，甚至还可作为独立的 3D 场景元素设置 Canvas，第 5 章将对此加以深入讨论。
  - Pixel Perfect（仅支持屏幕空间 Canvas）：对于 2D UI 元素的完美像素渲染，这可视为一个高质量选项。出于性能考虑，默认状态下该选项将处于禁用状态。当开启该选项时，Canvas 整体及其子对象将重新计算并重绘（这与被修改后的元素不同）。
  - Sort Order（仅支持 Screen Space – Overlay）：如果场景中包含多个 Screen Space – Overlay Canvas，该项表明了相应的绘制顺序。其中，较小值在下方进行绘制；而较大值则在上方进行绘制。
  - Render Camera（仅支持 Screen Space – Camera）：选择 Canvas 绘制的相机对象，并可设置不同的透视项，以及 Main Camera 上 Canvas 的视图。随后，通过 Render Camera 的 Depth 值，最终结果将利用 Main Camera 进行绘制。
  - Plane Distance（仅支持 Screen Space Camera）：表示 Canvas 绘制时相对于 Camera 的距离，也称作绘制距离（以及透视深度）。
  - Event Camera（仅支持 World Space）：确定用于渲染的相机对象以及所接收的事件（与基于 Screen Space – Camera 的 Render Camera 相同）。
  - Sorting Layer（仅支持 Screen Space – Camera 和 World Space only）：当 Canvas 与场景中的其他 Sprite Rendering 渲染组件结合使用时，这将设置 Canvas 渲染器上的 Sprite Sorting Layer。
  - Order in Layer（仅支持 Screen Space – Camera 和 World Space）：表示所选 Sprite Sorting Layer 的绘制顺序。

- Canvas Scaler（Sprite 组件）：定义 Canvas 分辨率和位置单位的测算方式，本章稍后还将对此加以介绍。
- Graphics Raycaster（Sprite 组件）：该组件表示为最新 UnityEvent 系统中所引入的、Raycasting 框架中的部分内容（参见后续章节中的 UnityEvent 系统）。其中，事件和交互行为均源自高效的 Raycasting 系统（Graphics Raycaster 则是其实现方式之一）。这将提供源自 Unity UI 层中用户当前输入位置的碰撞测试，并将信息反馈至 UnityEvent 系统中。相应地，所提供的设置可驱动光线投射函数的交互方式，如下所示。
  - Ignore Reversed Graphics：如果 UI 元素反转（从后方进行查看），则该设置可确定光线投射是否产生碰撞并生成某一事件。
  - Blocking Objects：阻止 2D 和 3D 环境下的光线投射碰撞测试，包括 Everything（任何事物均可执行碰撞测试）和 None。

默认条件下，光线投射将穿越UI层并到达场景，因而当前设置十分有用。另外，用户还可通过Canvas Group控制此类行为（参见Canvas Group）。

  - Blocking Mask：限制光线投射所操作的渲染层。对此，用户可选取多层、单层或全部层。

（1）Canvas Renderer

当对 GameObject 在 Canvas 上渲染效果时，GameObject 需要令 CanvasRenderer 组件与其绑定。默认状态下，全部内建 UI 控件需添加该组件且不可移除，除非用户首先移除 UI 控件。

如果用户计划创建自己的组件，将其渲染至 Canvas 上并予以显示时，则不要忘记针对 CanvasRenderer 添加[RequiresComponent]。

如果根据某一现有控件构建自己的UI控件，默认时CanvasRenderer将自动添加。如果构建渲染至Canvas的UI组件时，若希望予以显示，则应针对CanvasRenderer添加[RequiresComponent]。

（2）Canvas Groups

Canvas Group 组件较为简单，并可通过细微方式调整 Canvas 的行为。简而言之，可对子组件进行分组，并整体调整相关属性，其中包括：

- Alpha 值（支持分组透明效果），针对该分组内的全部子组件，支持全部 UI 组件的淡出效果。
- 子控件接收消息或者被阻止。
- 组件是否可以阻挡 Canvas 后的场景光线投射。
- 组件是否忽略了源自父 Canvas Group 的设置（如果包含内嵌组件），进而可通过 Ignore Parent Group 属性覆写设置项。

不难发现，控件自身较为简单，并被添加至空 GameObject 中，如图 2-11 所示。

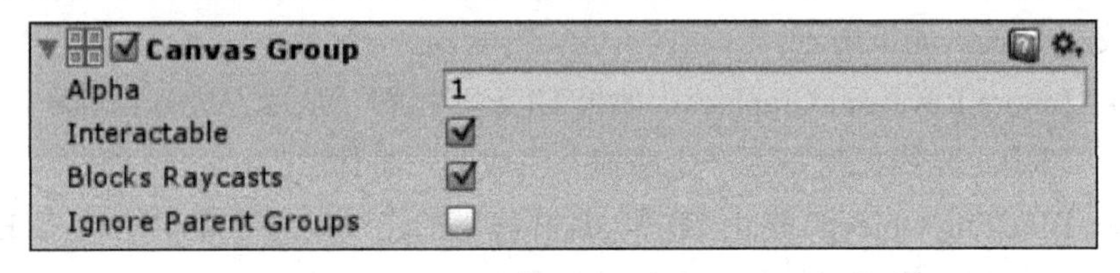

图 2-11

2.2 自动布局和选项

用户可将 UI 组件置于 Canvas 内，但在某些场合下，需要对元素分组或排序，其中包括：

- 下拉列表
- 网格
- 滚动区域

在原有的 GUI 系统中，这可通过独立的、包含内建布局选项的控件实现。对于新 Unity UI，这被分解为多个组件系统，其中包含了新的分组组件，并可绑定至任意 GameObject 上，进而将绑定至该 GameObject 的元素组织为子元素。

相应地，可创建组件类型包括：

- Horizontal Layout Groups
- Vertical Layout Groups
- Grid Layout Groups

组件无须包含静态顶层元素，且具有较大的灵活性。例如，Grid Layout Group、Vertical Layout Group、Horizontal Layout Group 可实现逐一内嵌，且并无限制条件。

2.2.1 Horizontal Layout Group

当采用水平布局时，可自动在组件的 Rect Transform 区域内并列放置子 GameObject。例如，可通过下列方式简单地创建水平列表（类似于 App 中的货品列表）：

- 在场景中创建 Canvas（Create | UI | Canvas）。
- 右击新生成的 Canvas 并添加空 GameObject（Create Empty）。
- 将新创建的 GameObject 命名为 Horizontal Layout Group。
- 选择 HorizontalLayoutGroup GameObject 对象，并添加 Horizontal Layout Group 组件，即在 Inspector 的 Add Component | Layout | Horizontal Layout Group 中单击 GameObject（或单击 Add Component 按钮后对其进行搜索）。
- 将 HorizontalLayoutGroup GameObject 的 Width 设置为 300（由于自动重置子 Rect Transforms 的尺寸，因而 3 个子对象等价于 3×100 宽度值的子对象）。
- 右击 HorizontalLayoutGroup GameObject，并添加 3 个子对象。此处，图像控件（UI | Image）分别命名为 Child1、Child2 和 Child3。
- 将各个子对象的 Source Image 设置为所选的 Sprite（此处借用了 Unity 的 128×128 图标，该图标位于本书的下载示例资源中）。

最终结果如图 2-12 所示。

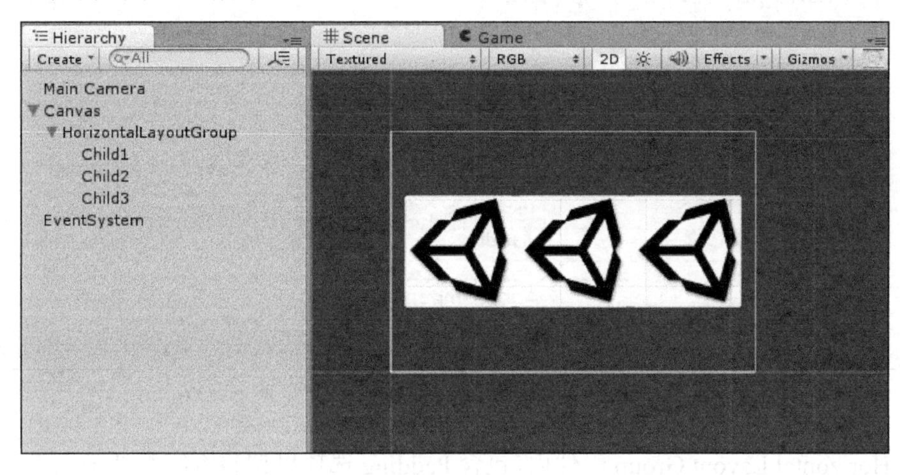

图 2-12

图 2-12 中显示了 3 个子 Unity 图标，并通过 Horizontal Layout Group 组件自动并排排列。

该示例较为基础，稍后将讨论更加高级的布局内容。

默认状态下，布局组件将重置子元素的尺寸，并与组件的Rect Transform所定义的区域适配。若对此进行调整，需要重置组件尺寸以匹配其内容；或者采用稍后介绍的Content Size Fitter组件。在本示例中，3个尺寸为128×128的Unity图标的尺寸重置为100×100。

图 2-13 显示了 Inspector 窗口中的 Horizontal Layout Group。

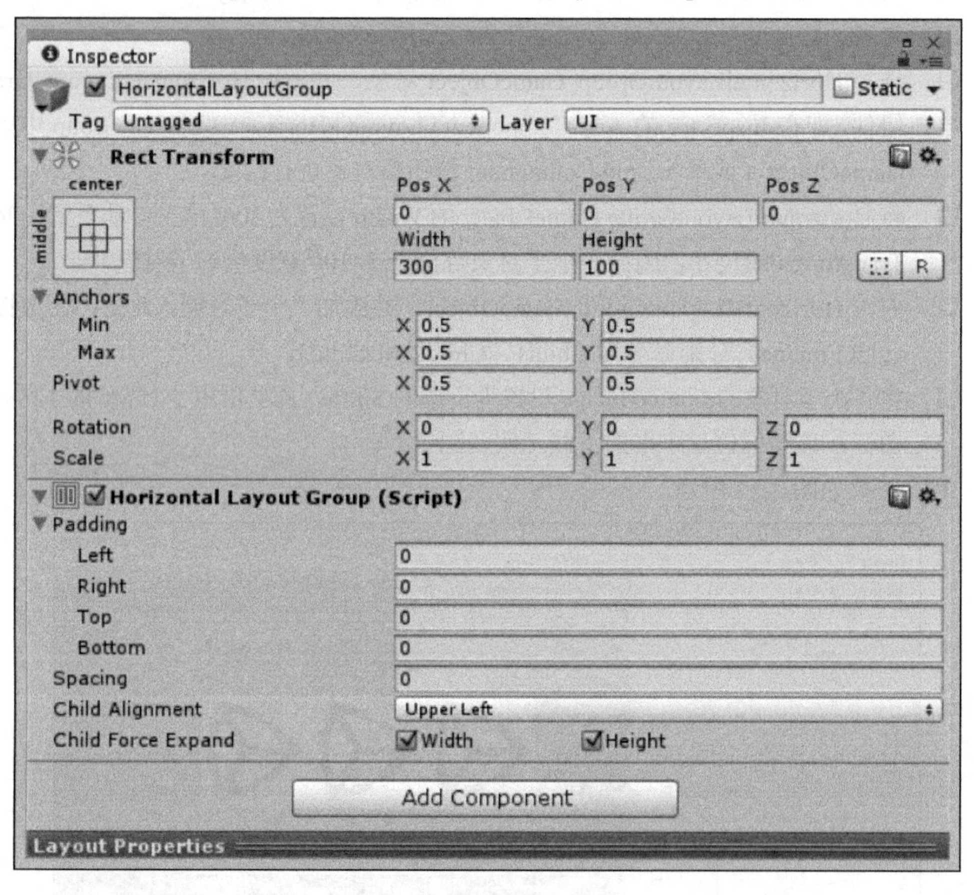

图 2-13

在 Horizontal Layout Group 组件内，包含 Padding 选项以调整围绕组件子元素的区域，在组件内，这可获得围绕布局元素较宽的边界。

除此之外，还可利用 Spacing 属性设置各个子元素的间距，进而保持各个子元素的均等间距（如果希望实现较好的控制，可使用 Layout Element 组件，并采用手动方式控制子元素的尺寸，稍后将对此加以讨论）。

另外，还可在组件内对齐子元素，但需要在 Layout Element 组件的基础上获得其他布局选项的支持。

最后，还存在两个 Child Force Expand 选项（Width 和 Height），强制组件边框内的全部子元素采用最大间距（在子元素间均匀分布）。若采用了 Layout Element，此类设置还可针对全部子设置覆写 Maximum（稍后将对此加以讨论）。

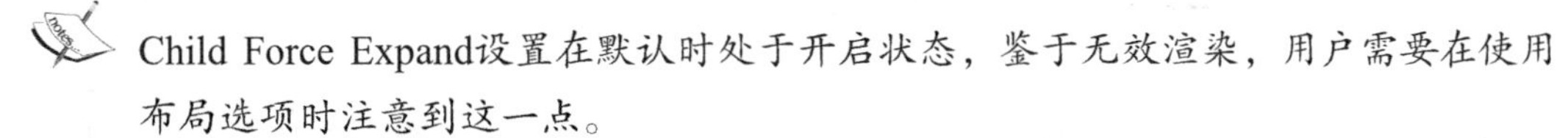
Child Force Expand设置在默认时处于开启状态，鉴于无效渲染，用户需要在使用布局选项时注意到这一点。

2.2.2 Vertical Layout Group

顾名思义，Vertical Layout Group 采用垂直方式将子组件排列至各行中，其他内容则与 Horizontal Layout Group 保持一致。

用户甚至还可使用相同的示例，切换 Width 和 Height 值，并于随后使用 Vertical Layout Group（而非 Horizontal Layout Group 组件），最终结果如图 2-14 所示。

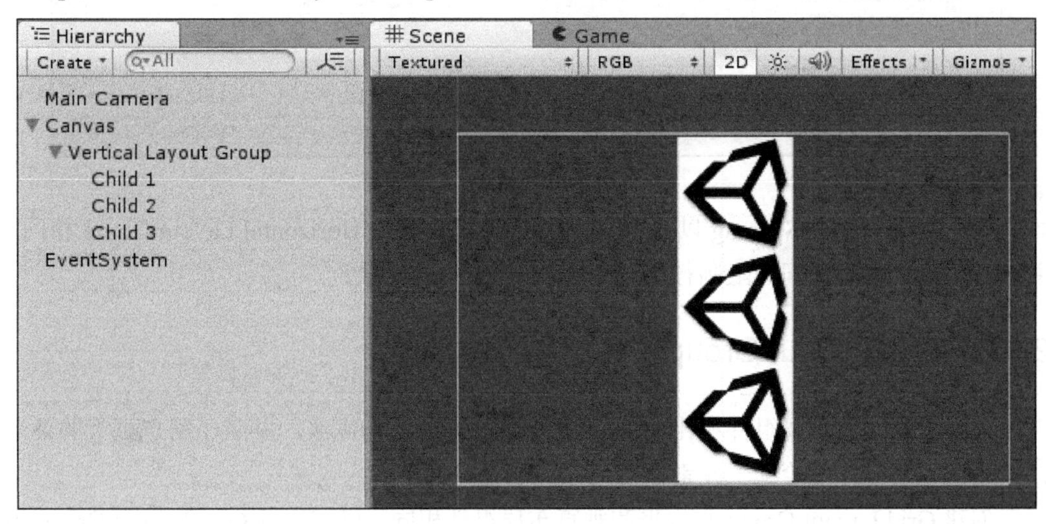

图 2-14

当在 Inspector 窗口中查看 Vertical Layout Group 时，图 2-15 中显示了类似的选项。

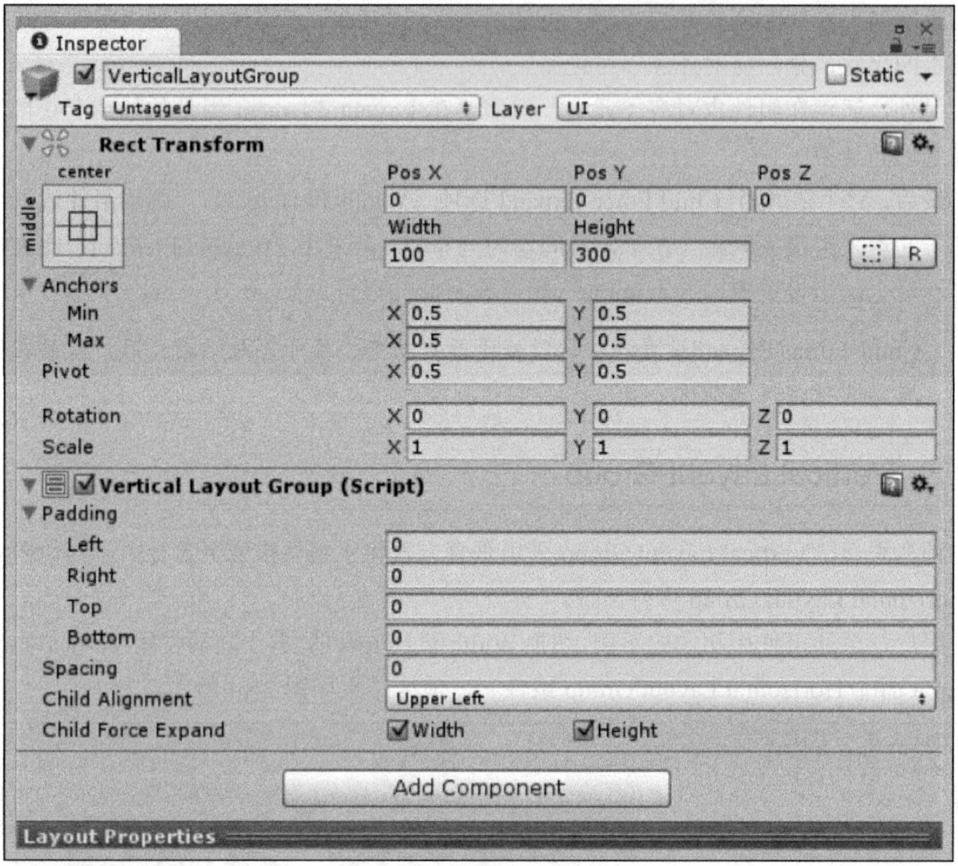

图 2-15

因此，Padding、Spacing 以及 Child Alignment 选项与 Horizontal Layout Group 相同，并对其子元素具有相同的限制行为。

2.2.3 Grid Layout Group

与水平和垂直布局组件相比，Grid Layout Group 更为高级，并赋予用户更大的灵活性，进而以网格形式绘制子元素。

创建 Grid Layout Group 与水平和垂直布局组件相同，仅需选取 Grid Layout Group 组件即可。这里，可将 Width 和 Height 设置为 200，并添加 4 个子元素（而非 3 个），对应结果如图 2-16 所示。

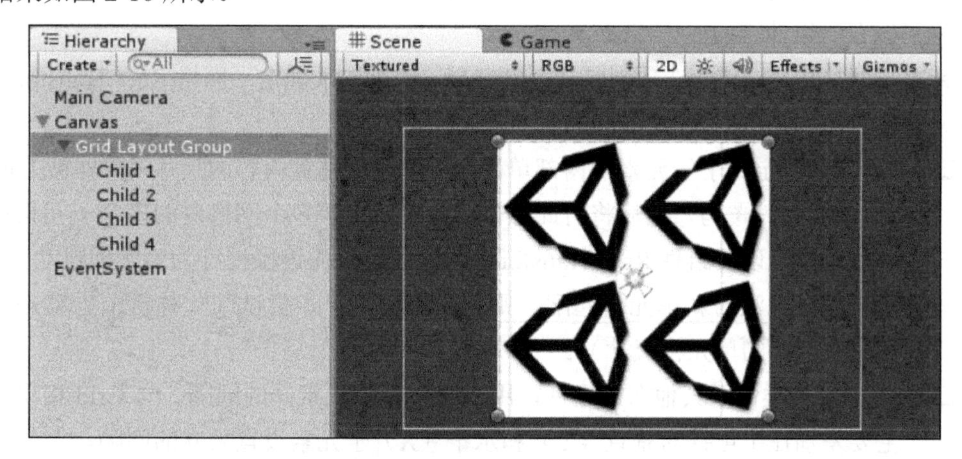

图 2-16

当查看 Inspector 窗口时，其灵活性也不言而喻，如图 2-17 所示。

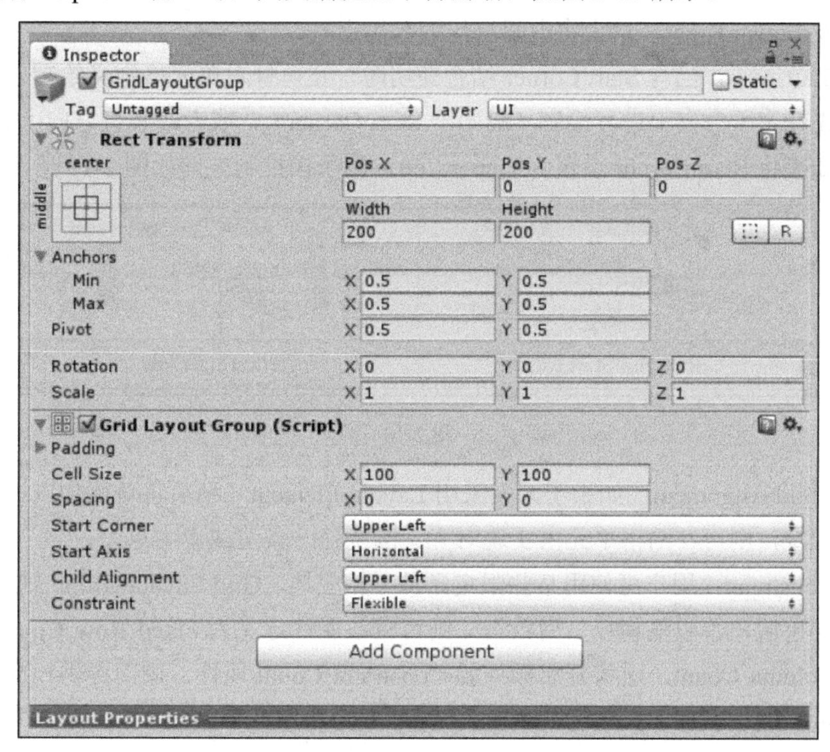

图 2-17

再次强调，此处采用类似的 Rect Transform 设置网格的布局区域，相应的 Padding 选项也与其他布局组件相同。

针对子网格排列，其他选项则包含了新功能。此类选项确定了网格 Rect Transform 中的单元数量以及布局方式，如下所示。

- Cell Size：定义了子元素的内部单元尺寸，这将重置内容的尺寸（除非被 Layout Element 组件覆写，稍后将对此加以讨论）。由于多个网格内的多个子元素均依据单元尺寸以及组件 Rect Transform 的尺寸，因而该操控行为可实现自动适配。如果网格无法与新单元格匹配，则无须执行进一步尝试（一种折中方案是确定相对于组件的单元格尺寸）。
- Spacing：类似于其他布局组件，用户可定义子元素间的间隔。与 Grid 相比，其主要差别在于可针对垂直（Y）和水平（X）子元素设置独立的间隔。
- Start Corner：设置网格中自子元素起绘制的首个单元格（起始点）。对此，用户可选择网格的 4 个角点之一，并定义为 Upper Left、Upper Right、Lower Left 以及 Lower Right（禁止将中间点作为起始点）。
- Start Axis：当与 Start Corner 结合使用时，还可针对单元格定义绘制方向，即首先在水平方向上进行绘制（起始于 Start Corner），或者在竖直方向上进行绘制。如果将 Start Corner 设置为 Upper Left，则子操控制方向如图 2-18 所示。

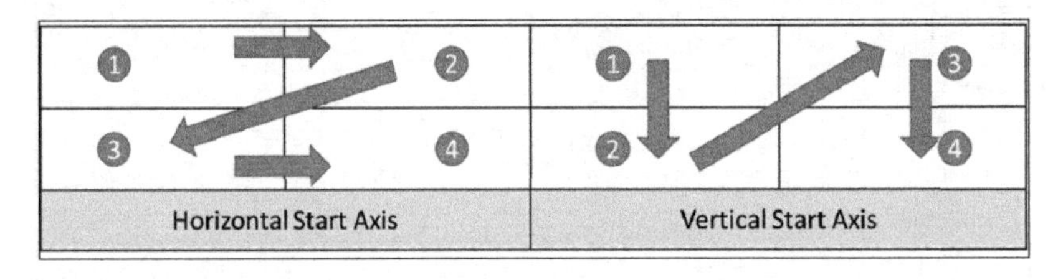

图 2-18

- Child Alignment：如果子元素采用 Layout Element（稍后将对此加以讨论）进行配置，则可在网格单元内实现对齐（围绕任一条边或者中点）。
- Constraint：用户可使用某些限定条件，相应地，Grid Layout Group 则保持不变。如果用户希望限制行、列数量，则可将该属性定义为 Fixed Row Count 或 Fixed Column Count，这将开启额外的 Constraint Count 属性，进而提供相应的限定数量。默认状态下一般为 Flexible，即非限定状态。

与垂直和水平组件不同（将对应内容的尺寸重置，并与布局组件整体区域匹配），Grid Layout Group自动上溢，绘制与组件区域不匹配的其他单元格，并填充附加行。如果用户不希望出现此类行为，则设置Constraint，添加Mask组件，或者限制所添加的子元素的数量。

这将重新设置原始图像的尺寸，并与默认时定义的单元格尺寸匹配。

本章稍后将对Mask组件加以讨论。

2.2.4 布局选项

Layout Group 组件的默认行为对于大多数情形均工作良好，除此之外，用户需要添加较好的控制级别。对此，Unity 提供了多种布局覆写方案，进而限定组件内的空间应用，或者作为独立的 UI 元素加以使用，其中包括：

- Layout Element
- Content Size Fitter
- Aspect Ratio Fitter
- Scroll Rects
- Masks

上述全部组件还可用在大多数UI控件上，并调整Canvas上的显示行为；对于此类控件，布局组件仅为默认使用方式。

1. 布局元素

大多数 UI 控件于内部实现了 Layout Element 属性，以实现操控行为。因此，可将 Layout Element 组件添加至布局组件的子对象中（Add Component | Layout | Layout Element），如图 2-19 所示。

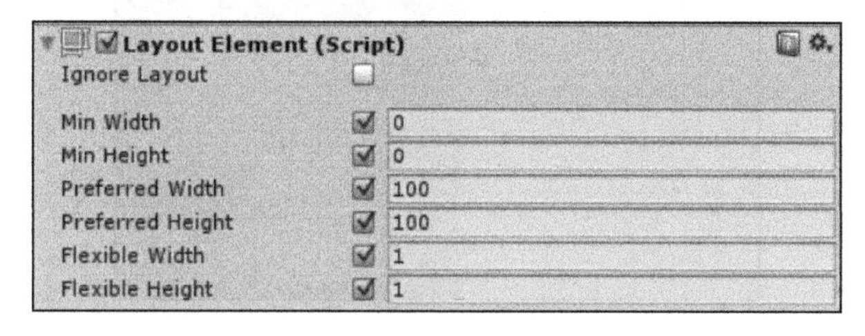

图 2-19

通过各项设置可定义如下内容。

- ❑ Ignore Layout：如果添加了覆写结果又打算改变主意，则可通过该切换项对其予以关闭。这多用于脚本或者动画中，用户希望在运行期内调整 UI 元素的布局属性，但又不希望修改设置项。另外，这并不会重置设置于 Layout Element 中的各项属性。
- ❑ Min Width：针对布局组件中的子元素，该属性定义了 Rect Transform 缩减的最小宽度。如果布局组件的 Rect Transform 宽度减少，控件将不断缩减，直至到达该宽度属性（且不再进一步缩减）。在图 2-20 中，最上方元素的 Min Width 设置为 100 且不会被重置；而下方元素则未经设置，因而会被缩减。

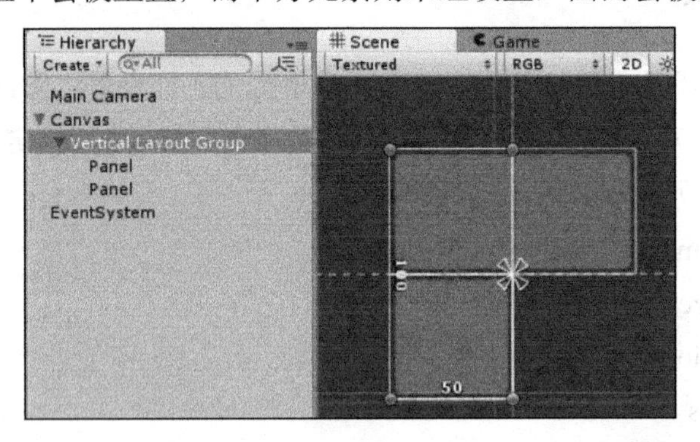

图 2-20

- ❑ Min Height：针对布局组件中的子元素，该属性定义了 Rect Transform 缩减的最小高度。如果布局组件的 Rect Transform 高度减少，控件将不断缩减，直至到达该高度属性（且不再进一步缩减）。在图 2-21 中，最左方元素的 Min Height 设置为 100 且不会被重置；而右方元素则未经设置，因而会被缩减。

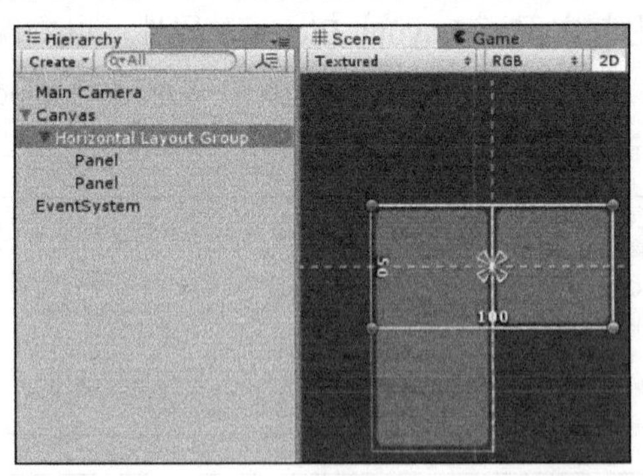

图 2-21

- Preferred Width：针对布局组件中的子元素，该属性定义了 Rect Transform 放大的最大宽度。如果布局组件的 Rect Transform 宽度增加，则控件的放大行为不会超出该值，其宽度将缩放至小于该值。

如果针对Child Force Expand采用默认的组件选项，则会覆写Layout Element推荐选项，强制UI元素使用组件内的最大间距。

在如图 2-22 所示例子中，最上方元素的 Preferred Width 设置为 50，其宽度小于最下方元素（未被设置）。当父 Rect Transform 设置为 100 时，最上方元素经放大后未超出最大值，进而与其父对象匹配。

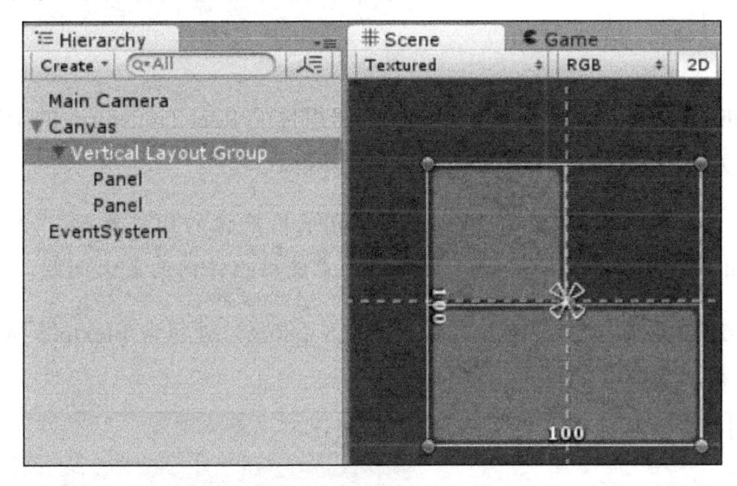

图 2-22

- Preferred Height：针对布局组件中的子元素，该属性定义了 Rect Transform 放大的最大高度。如果布局组件的 Rect Transform 高度增加，则控件的放大行为不会超出该值，其高度将缩放至小于该值。

回忆一下，如果针对Child Force Expand采用默认的组件选项，则会覆写Layout Element的Preferred选项，并强制UI元素使用组件内的最大间距。

在如图 2-23 所示例子中，最左侧元素的 Preferred Height 设置为 50，其高度小于最右方元素（未被设置）。当父 Rect Transform 设置为 100 时，最左侧元素经放大后未超出最大值，进而与其父对象匹配。

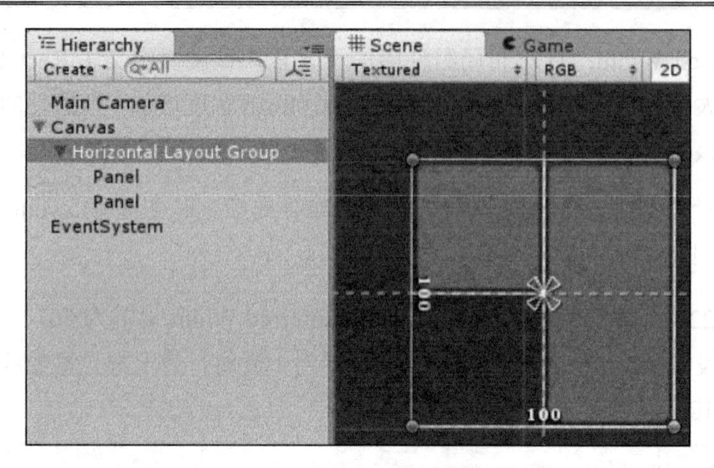

图 2-23

- ❑ Flexible Width：该属性适用于描述容器组件的 Rect Transform 的宽度百分比，并定义为 0～1 之间的数字以表示百分比。

回忆一下，如果针对Child Force Expand采用默认的组件选项，则会覆写Layout Element中相对灵活的设置项，强制UI元素使用组件内的最大间距。

在如图 2-24 所示例子中，最上方元素在 0.8（80%）处包含 Flexible Width，其宽度小于最下方元素（未被设置）。

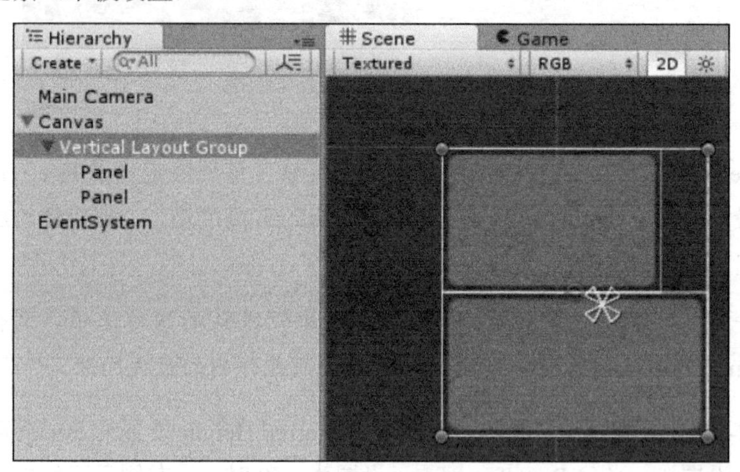

图 2-24

- Flexible Height：该属性（类似于宽度）适用于描述容器组件的 Rect Transform 的高度百分比，并定义为 0～1 之间的数字以表示百分比。

> 如果针对Child Force Expand采用默认的组件选项，则会覆写Layout Element中相对灵活的选项，强制UI元素使用组件内的最大间距。

在如图 2-25 所示例子中，最左侧元素在 0.8（80%）处包含 Flexible Height，其高度小于最右侧元素（未被设置）。

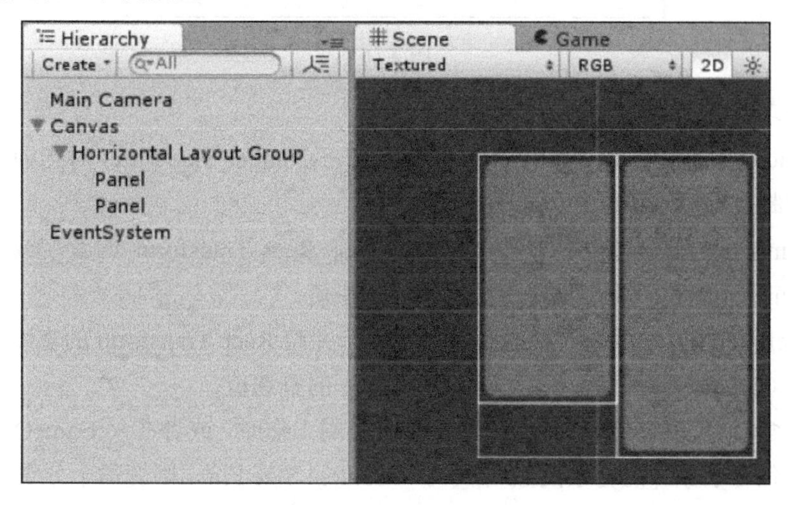

图 2-25

2. Content Size Fitter 组件

布局组件根据其内容对 Rect Transform 进行限制（而非将子元素与该组件进行匹配，即默认状态），通过这一需求，Unity 提供了 Content Size Fitter 组件。当与布局组件绑定时，Content Size Fitter 自动针对组件管理的 Rect Transform 的边框，并可根据其子元素的尺寸重置尺寸。

对于 Content Size Fitter 的功能实现，子控件应支持最小或首选布局尺寸设置项，例如文本或图像（或其他继承自 ILayoutElement 接口的控件）；除此之外，Content Size Fitter 还可与其他布局组件协同使用。

默认状态下，此类设置根据 Min 和 Preferred 尺寸的本地控件设置自动加以使用；然而，这一类设置还可通过手动方式添加 Layout Element 组件，进而覆写至子组件，以定义对应内容的 Min 和 Preferred 尺寸。

当向 GameObject 添加 Content Size Fitter 时，在每个轴上可获得 3 个选项，如图 2-26 所示。

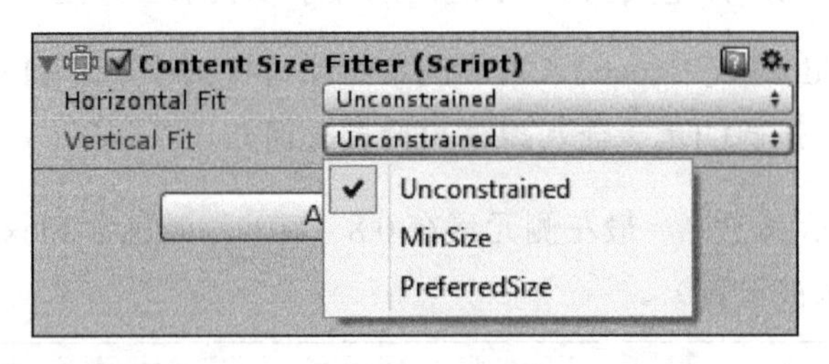

图 2-26

对应选项提供了如下功能项。

- Unconstrained：该选项不执行任何操作，Content Size Fitter 对当前轴不做任何控制。
- MinSize：该选项对内容进行布局，并将 Rect Transform 的宽度或高度限定至 GameObject 内容（和/或子对象）的最小值。
- PreferredSize：该选项对内容进行布局，并将 Rect Transform 的宽度或高度限定至 GameObject 内容（也可包括子对象）的首选值。

当与包含目标平台分辨率尺寸的相关内容协同工作时，或者在父 GameObject 或动态尺寸内容上包含了额外的背景图像/布局时，Content Size Fitter 则变得十分重要。

作为示例，下面创建一个文本对话窗口，并根据其中的文本内容自动增加或收缩。对应步骤如下所示：

（1）向场景中添加 Canvas（Create | UI | Canvas），或使用现有的 Canvas。

（2）右击 Canvas 并选取 UI | Image，即文本窗口背景。

（3）右击 Image 并选取 UI | Text，进而添加一个 child text 组件。

需要注意的是，当前文本尺寸与Image叠加。

（4）在 Hierarchy 中选择 Image，并在 Inspector 中单击 Add Component 按钮，随后选择 Layout | Vertical layout Group。

需要注意的是，Text当前定位于Image的左上角，其Rect Transform填充该Image的Rect Transform。这表明，默认状态下，子对象的尺寸重置为父对象的尺寸。

（5）对于所选的 Image，单击 Add Component 并选择 Layout | Content Size Fitter。

需要注意的是，由于适配器的默认状态为Unconstrained，因而当前操作并未产生实际变化。

（6）将 Content Size Fitter 的 Horizontal Fit 调整为 Preferred Size。

Image的Rect Transform将减少，进而匹配Text组件的Text宽度。

另外，用户还可对该示例进行适当扩展，设置 Vertical Fit，添加附加的子 Text 控件，最终结果如图 2-27 所示。

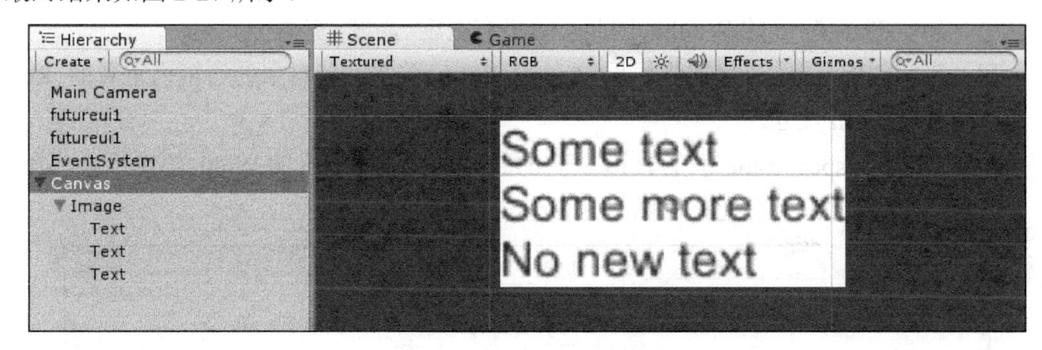

图 2-27

不难发现，父 Image（鉴于 Content Size Fitter）的尺寸被重置，进而与最新的子对象适配。

3. Aspect Ratio Fitter 组件

UI 框架中最新加入了 Aspect Ratio Fitter 组件，作为附加组件，用户可据此对 UI 进行组织。实际上，该布局工具将根据 Aspect Ratio 重置 Rect Transform 的 UI 尺寸。

需要注意的是，这表示为UI元素的宽高比，而非屏幕分辨率的宽高比。屏幕最终的分辨率对于Aspect Ratio Fitter所管理的GameObject不会产生任何影响。

如果选择 Add Component | Layout | Aspect Ratio Fitter 选项，向 UI GameObject 添加 Aspect Ratio Fitter 组件，则对应效果如图 2-28 所示。

图 2-28

相应地，Aspect Ratio Fitter 包含多个选项，如下所示。

- None：该选项不执行任何操作，如果用户尝试调整 Aspect Ratio，这将重置为先前值。从理论上讲，该选项不执行任何操作（除非据此实现某种动画效果，否则无须添加当前组件）。
- Width Controls Height：在该模式下，Aspect Ratio 将根据 Width 调整其所绑定的、Rect Transform 的 Height。因此，这里有高度=宽度×宽高比。
- Height Controls Width：在该模式下，Aspect Ration 根据 Height 调整其所绑定的 Rect Transform 的 Width。因此，这里有宽度=高度×宽高比。
- Fit In Parent：该模式将根据 Aspect Ratio 并在其父对象的边框内重置的 Rect Transform 尺寸。
  - 当 Aspect Ratio 小于 1(但大于 0)时，Rect Transform 的 Width 将设置为 Parent 的 Width 百分比，如图 2-29 所示。

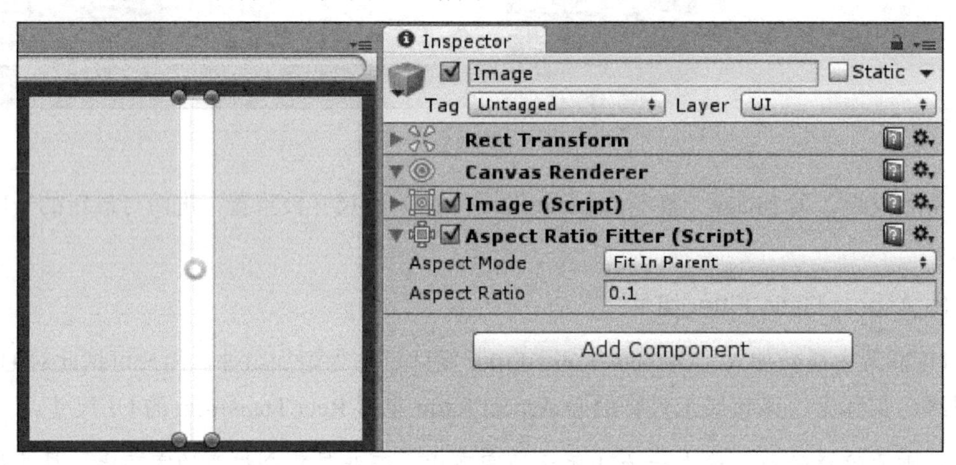

图 2-29

  - 当 Aspect Ratio = 1 时，GameObject 的 Rect Transform 将与父 Rect Transform 区域匹配。
  - 当 Aspect Ratio 大于 1 时，Rect Transform 的 Height 将根据 Aspect Ratio 正比于父 Rect Transform，如图 2-30 所示。

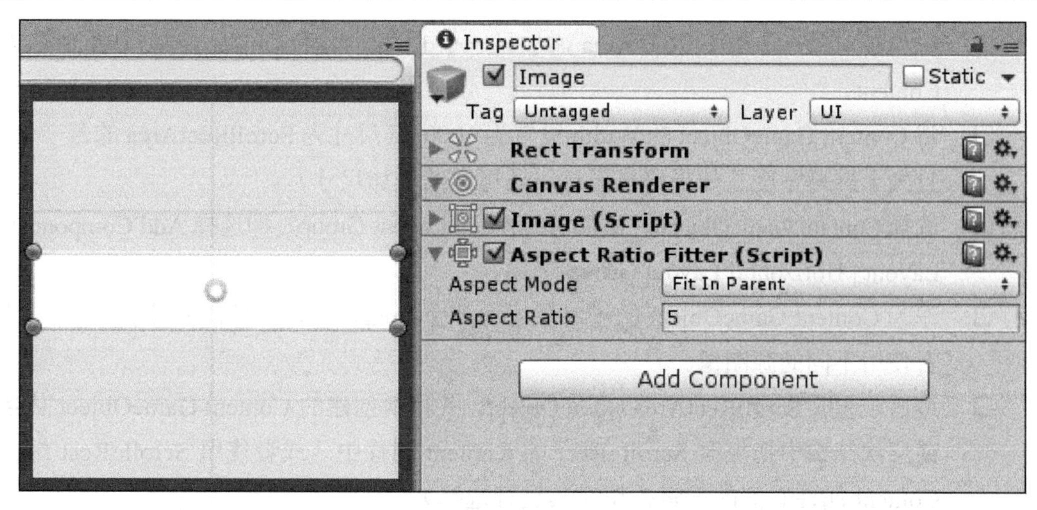

图 2-30

- Envelope Parent：该模式基本等同于 Fit In Parent，唯一差别在于：该模式并未在父 Rect Transform 内工作，其逻辑应用于父 Rect Transform 外部。因此，该选项的工作模式并非是由外向里，而是根据父对象由里向外工作；而 Aspect Ratio 的效果除了逆置之外同样保持一致。

关于 Aspect Ratio Fitter的具体应用，建议用户在使用此类过滤器时尝试对其进行多方设置。

4. Scroll Rect

Scroll Rect 的应用场合可描述为：布局组件大于显示范围。这可向用户提供某一区域，对应的交互行为针对所选的 Rect Transform 内容可生成滚动效果，例如：

- 向场景中添加 Canvas，或使用现有 Canvas。
- 右击 Canvas，选取 Create Empty ，并作为子对象向 Canvas 添加 Empty GameObject。
- 将新的 GameObject 重命名为 ScrollRectArea。
- 将 ScrollRectArea 的 Width 设置为 300，这将生成与用户交互的屏幕区域。
- 根据所选的 ScrollRectArea 可向其添加 Scroll Rect 组件，即选择 Add Component | UI | Scroll Rect 选项。

- 作为子对象，向 ScrollRectArea 添加另一个 Empty GameObject，并将其重命名为 Content。
- 将 Content GameObject 的 Width 设置为 1000，其尺寸为 ScrollRectArea 的若干倍，且大于屏幕宽度（如果用户愿意，还可继续增加尺寸）。
- 选择 Content GameObject 并添加 Horizontal Layout Group，即选择 Add Component | Layout | Horizontal Layout Group 选项。
- 作为 Content GameObject 的子对象添加多个 Image，将其设置为不同的颜色，或者使用不同的源图像。
- 最后，选取 ScrollRectArea GameObject，并将新创建的 Content GameObject 从当前层次结构中拖曳至 Scroll Rect 的 Content 属性中（或者使用 Scroll Rect 组件 Content 属性右侧的搜索按钮对其进行选择）。

对应效果如图 2-31 所示。

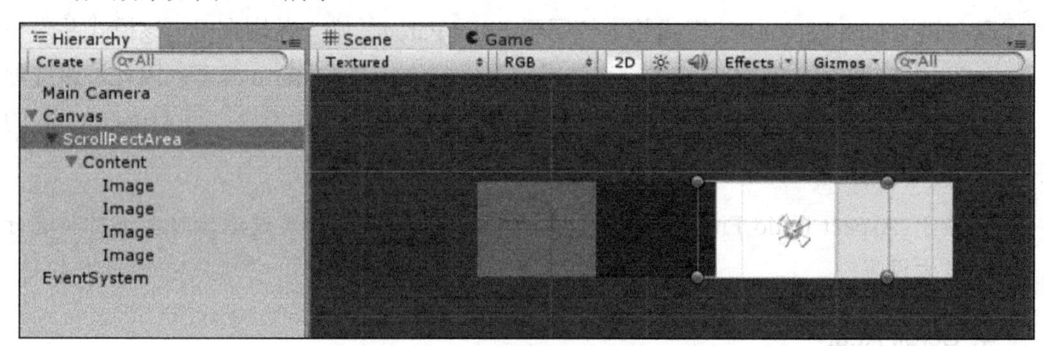

图 2-31

当运行时，用户可在 ScrollRectArea 内执行滑动、单击或拖曳操作（利用 Rect Tool 选择区域进行识别），这将在用户的运动方向上移动 Content 区域，但不会超出 Scroll Rect 控件 Rect Transform 的可见区域。

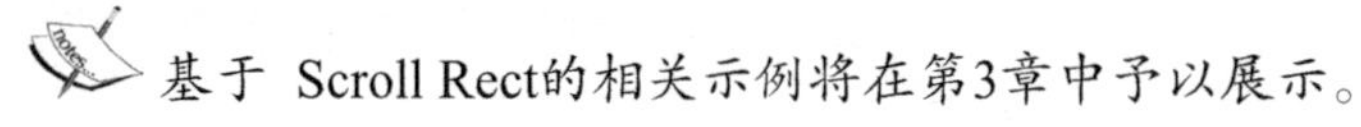
基于 Scroll Rect的相关示例将在第3章中予以展示。

如果在 Inspector 中查看 Scroll Rect，对应效果如图 2-32 所示。

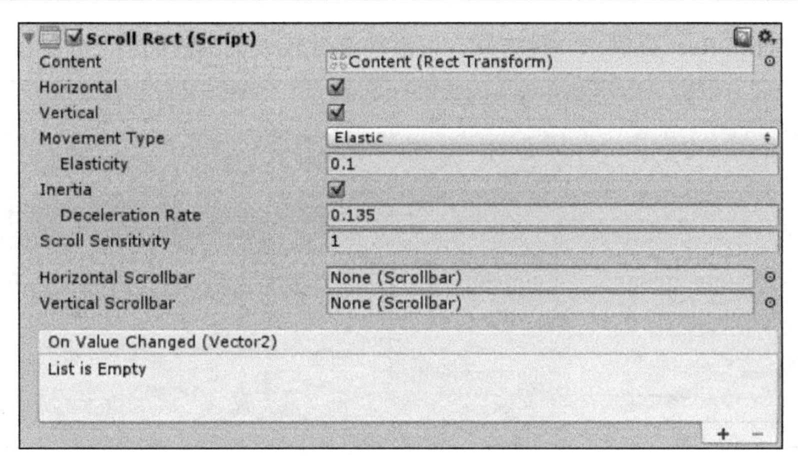

图 2-32

图 2-32 中的部分选项介绍如下。

- Content：该项定义了 Rect Transform，并包含了 Scroll Rect 所管理的内容；除了 Layout Group 之外，还可以是包含滚动区域的任意 UI 控件。另外，对应尺寸应较大，以使 Scroll Rect 可正常工作。
- Horizontal/Vertical：针对 Content 区域，这一类选项可启用或限制滚动方向。若仅需要某一垂直或水平滑动区域时，这将十分有效。
- Movement Type：据此，用户可控制与滚动区域之间的交互方式，其中包括：
  - Unrestricted：处于运动状态且不会受到任何限制（即使位于屏幕之外且用户无法再次获取）。
  - Elastic：以弹性方式运动，如果超出滚动区域之外，可迅速跳回。
  - Clamped：在滚动区域内以固定方式运动，当到达边界时即停止运动。
- Inertia：该项向滚动行为应用了物理作用力，包括初始时的运动速度以及递减速度。另外，对于递减速度，用户还可设置 Deceleration Rate。
- Scroll Sensitivity：缩放源自滚动设备的输入，例如鼠标滚轮或触控板滚动装置。
- Scrollbars：用户还可将滚动栏绑定至 Scroll Rect 上，进而获得区域大小的直观指示，其中包括水平方向和垂直方向。

当使用Scrollbars时，可简单地将其添加至场景中，这与其他UI组件类型，随后可将相应的Vertical或Horizontal Scrollbar拖曳至Scroll Rect组件的对应属性中。关于Scrollbars的更多信息，读者可参考第3章。

因此，Scroll Rect 提供了一种方式，可滚动查看较大范围内的内容，如图 2-33 所示。

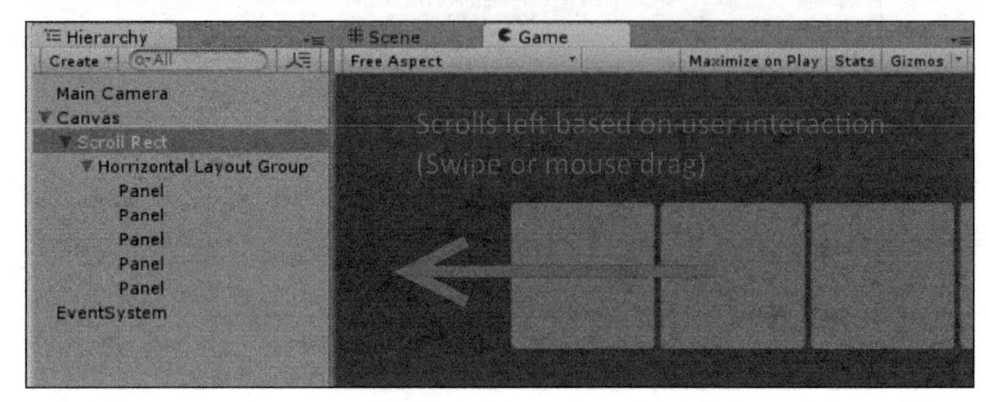

图 2-33

如果需要对 Scroll Rect 的可视区域进行限制，则可使用 Mask 组件。

5. Mask 组件

Mask 组件则是 Unity UI 中较受欢迎的内容之一。简而言之，该组件将子组件的绘制操作限定于其所绑定的、GameObject 的 Rect Transform 中，其应用较为基础和简单。

> 需要注意的是，Mask组件需要使用到Image或其他Visual组件，以对子区域进行遮挡。独自使用Mask组件且缺乏辅助组件的支持（使用Canvas布局时）将无法正常工作，且不会对相关区域进行遮挡。

根据前述示例，当向 ScrollRectArea GameObject 添加 Mask 组件时（以及 Image 组件，且无须设置 Source Image——Mask 组件需要使用到 Graphic 组件），仅需在 ScrollRectArea GameObject 的 Rect Transform 边界处显示 Content 区域即可，如图 2-34 所示。

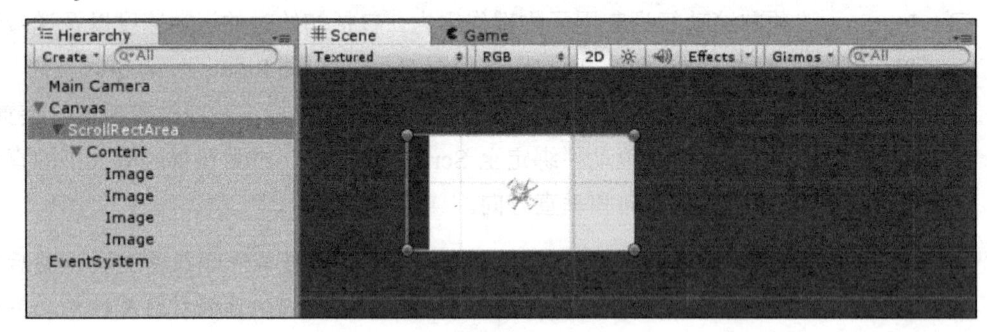

图 2-34

2.3 分辨率和缩放行为

鉴于 UI 需要在多种屏幕类型上予以显示，因而需要设计并实现较好的 UI，并适用于任意分辨率，尤其是在 Unity 中。

为了更好地适应新的Unity UI系统，Unity提供了分辨率缩放组件，在默认状态下与Canvas进行绑定，进而控制GameObject以及内部组件的、基于分辨率的绘制操作，该组件称作Canvas Scaler。

Canvas Scaler 包含多种操作模式，在进行屏幕绘制时调整 Canvas 的缩放方式，其中包括：

- ❑ Constant Pixel size
- ❑ Scale with Screen Size
- ❑ Constant Screen Size

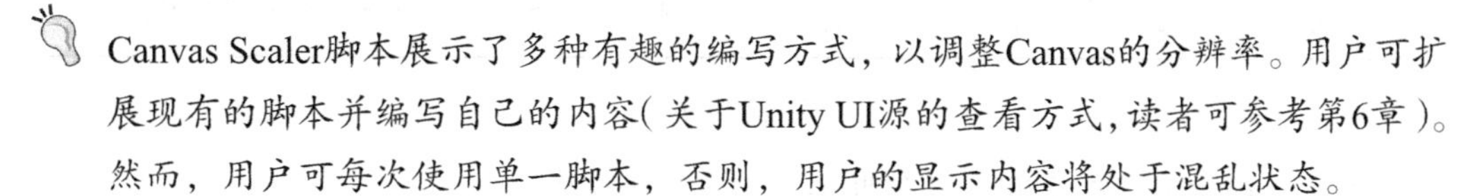

Canvas Scaler脚本展示了多种有趣的编写方式，以调整Canvas的分辨率。用户可扩展现有的脚本并编写自己的内容（关于Unity UI源的查看方式，读者可参考第6章）。然而，用户可每次使用单一脚本，否则，用户的显示内容将处于混乱状态。

2.3.1 Constant Pixel Size

当 Constant Pixel Size 设置为 Canvas Scaler Ui Scale Mode 时，Inspector 中的对应效果如图 2-35 所示。

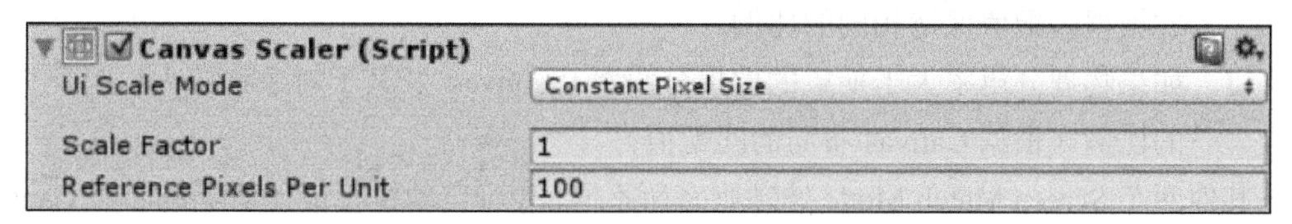

图 2-35

基本上，Constant Pixel Size 设置意味着不存在任何分辨率控制。相应地，Canvas 简单地进行绘制，且不存在任何与分辨率相关的管理行为。

其中，唯一的选项是 Scale Factor，并可用于调整 3 个转换缩放分量（X、Y 和 Z），以及 Reference Pixels Per Unit 设置，后者用于设置 Canvas 的 Pixels Per Unit 项。

Pixels Per Unit设置定义了对象在游戏中所用的单位（相对于其他GameObject的大小）。随后，该设置可被Reference使用，并以此确定1个单位内的像素数量。此处，100个像素定义了1个游戏宽度和高度单位。对此，读者可参考Unity文档，对应网址为http://docs.unity3d.com/Manual/class-TextureImporter.html。

2.3.2 Scale with Screen Size

当对 Scale with Screen Size 采用 Canvas Scaler Ui Scale Mode 设置项时，Inspector 中的对应效果如图 2-36 所示。

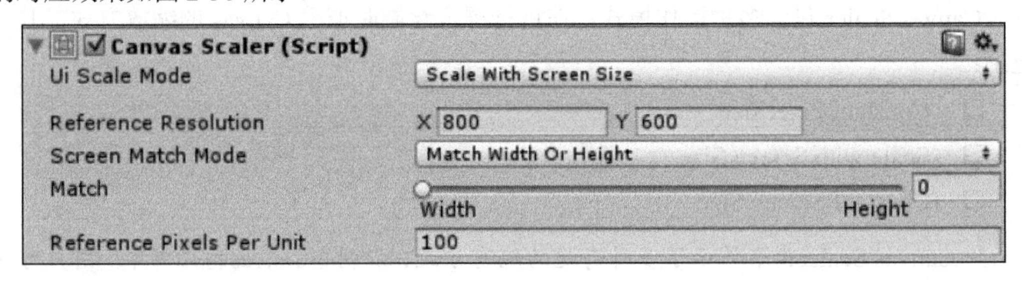

图 2-36

据此，可生成虚拟空间，并与期望分辨率进行匹配。

若 Screen Match Mode 设置为 Match Width Or Height 模式，当执行屏幕绘制操作时，可将虚拟空间的宽度（X）和高度（Y）缩放至期望的宽度和高度，或者达到某一平衡状态，具体如下：

- 如果输出的物理分辨率小于期望的虚拟分辨率，则 Canvas 内的全部区间缩小，并根据匹配值保持相同的比例。
- 如果物理分辨率大于期望的虚拟分辨率，Canvas 及其子对象将放大以匹配空间的比例（根据 Canvas 布局的匹配值）。

其他两个 Screen Match Mode 选项则有所不同，并可自动执行最佳适配进而对 Canvas 进行缩放，如下所示。

- Expand：这将缩小 Canvas，并确保在输出屏幕尺寸内绘制参考分辨率。
- Shrink：该选项稍显奇特，经适当放大以及剪裁后，实现 Canvas 的缩减以匹配输出屏幕。

在全部示例中，仅调整Canvas及其子对象的Scale Factor。因此，用户可编写自己的Ui Scale Mode版本，并通过个人方式调整GameObject的Scale Factor。关于源代码的工作方式，读者可参考第6章。

全部示例的主要工作是利用 Scale With Screen Size（或 Reference Resolution）Ui Scale Mode 进行调整，并针对多种分辨率尝试使用不同的设置，直至获得较为满意的观感。

2.3.3 Constant Physical Size

当对 Constant Physical Size 使用 Canvas Scaler Ui Scale Mode 设置时，Inspector 中的对应效果如图 2-37 所示。

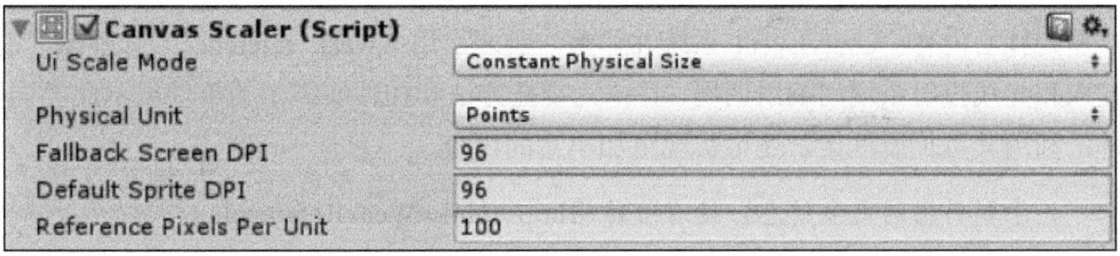

Canvas Scaler (Script)
Ui Scale Mode: Constant Physical Size
Physical Unit: Points
Fallback Screen DPI: 96
Default Sprite DPI: 96
Reference Pixels Per Unit: 100

图 2-37

虽然 Scale With Screen Size 通过缩放 Canvas 工作，但 Constant Physical Size 可根据自己的位置坐标组织 Canvas 上的元素。用户可根据现有比例确定单位，或者根据个人的预置比例在 Canvas 范围内放置子元素。

这使得用户可采用与绘制分辨率相适的 DPI（每英寸单位数）进行绘制，而非实际的物理分辨率或世界空间坐标。

例如，通过将Unit设置为Points，并将Default DPI设置为96，可确定Canvas内的边界为96 DPI。

对应的尺寸单位包括：

- 厘米
- 千米
- 英寸
- 点
- 十二点活字（Picas）

对于前3种测量单位，其含义具有自解释性；关于十二点活字和点，读者可参考 http://support.microsoft. com/kb/76388。

虽然不同于 Scale with Screen Size 选项，Constant Physical Size 选项并不执行缩放操作，而是表示为实际的尺寸测算行为，并反映在目标设备上。

2.4 UnityEvent 系统

事件系统则是 Unity 中的第二项重大改进（除了最新的 UI 系统之外）。

本节仅对最新的UnityEvent系统进行简要描述，第6章将展示对应的代码。

作为核心内容，UnityEvent 系统并非是一类弱引用（weak reference）管理器，而是在输入和光线投射系统间编组调用，并作为委托方法和控件所绑定的事件展示此类调用。另外，利用其可扩展框架，还可实现更加丰富的内容。

关于弱引用的更多信息，读者可访问http://bit.ly/WeakReferencing。

2.4.1 光线投射机制

最新 Unity UI 用户界面系统的核心内容则是光线投射机制的应用，继而确定用户所交互的 UI 组件，其中包括运动行为（例如，是否位于 UI 控件上）、直接交互（包括单击、释放等操作），或者是由此产生的组合操作。

光线投射表示为两点间的直线（也称作光线）绘制方法，进而确定其间的状态。该过程可定义任意的两点（这也是大多数示例中的情形），或者与源自用户触摸、单击以及悬停行为的一条直线，进而查看最终的交互结果。

关于光线投射的更多信息，读者可访问http://docs.unity3d.com/Manual/CameraRays.html。

多数时候，光线投射在场景的单一层中完成，并在该层中实现交互行为以提高计算性能。

在UI系统中，这多表示为UI层上的UI控件（这也是Unity UI控件的默认状态）。必要时，也可对此进行适当调整。

默认条件下，Unity UI 向 Canvas 加入了 Graphic Raycaster（最新的图形光线投射组件），进而提供了一类健壮、高性能的光线投射系统，从而实现了用户与UI系统图形元素间的交互行为，如图2-38所示。

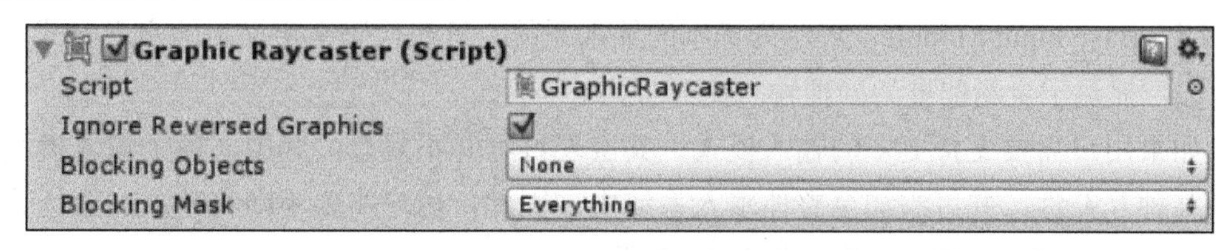

图2-38

除此之外，Unity还提供了其他较为重要的光线投射组件，介绍如下。

- Physics Raycaster：在3D模型和3D碰撞对象间执行光线投射测试，例如模型或网格。
- Physics 2D Raycaster：基本等同于Physics Raycaster，但其行为限于2D精灵对象和2D碰撞对象。
- Base Raycaster：表示为高级的基础实现，进而可创建自己的光线投射系统。

此类系统均依赖于Event Camera，并用作全部光线投射的源。用户可在场景中配置任意相机，具体内容与实际需求相关。

2.4.2 输入模块

Event系统的其他输入还包括针对触摸、鼠标以及键盘输入的硬件交互。Unity提供了相应的框架，并以一致的方式进行抽象和实现。

对于其他输入，用户可按照自行方式加以构建，或者对其他新方法予以关注。
当采用这一类新型抽象方案时，对于Gamepad、Wiimote、Gamepad、Kinect传感器或者Leap控制器，则可更加方便地应用输入模块。
待构建完毕后，用户可针对相关场景简单地将其绑定至Unity EventSystem上。

Unity提供的输入模块介绍如下。

- Standalone Input Module：表示为基本的键盘和鼠标输入，并跟踪鼠标的位置，以及鼠标/键盘所按下的按键。
- Touch Input Module：表示为基本的触摸输入系统，用于处理触摸、拖曳以及位置数据，并可在其实现中模拟鼠标行为。

- Pointer Input Module：表示为高级类，并提供了前述模块的基本功能，同时还可通过代码进行访问。
- Base Input Module：表示为基本的输入系统，可在代码中定义新的实现方式，并提供了全新的框架处理输入交互行为。

如果用户需要支持更多的输入模式，其实现过程并不复杂。其中，各个输入模块体现了某种互补性，并可添加至整体输入系统中。因此，用户需要不断将其添加至场景中的 EventSystem GameObject 中，如图 2-39 所示。

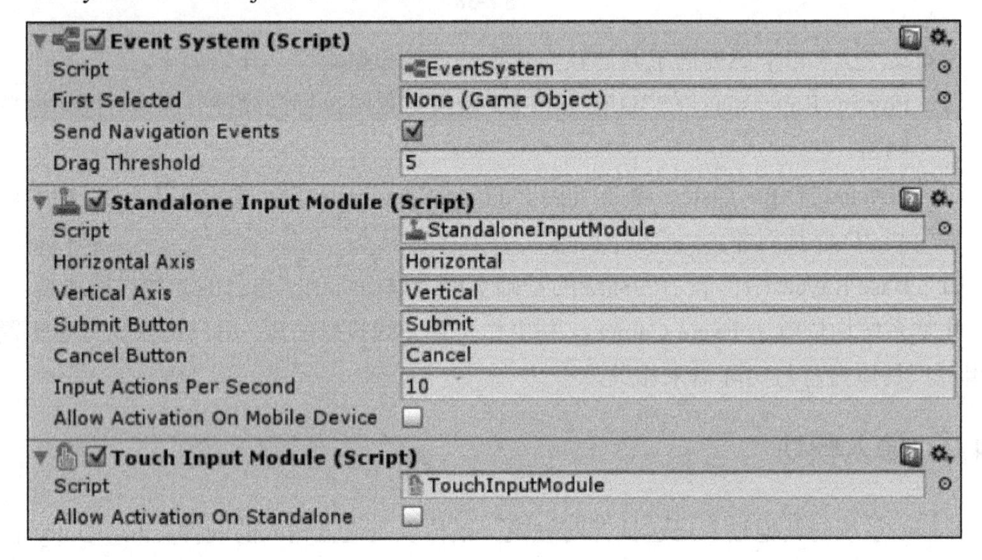

图 2-39

2.4.3　输入事件

第 3 章将在全新 Unity UI 空间的实现基础上讨论 Event 触发器，本节首先对其基本内容进行描述。

对于最新的输入事件系统的核心内容，存在多种界面可描述不同的事件类型，介绍如下。

"基本事件"是系统可实现扩展，且用户可创建自己的事件。

- PointerEnter（IPointerEnterHandler/OnPointerEnter）：类似于 onTriggerEnter 或 OnCollisionEnter 接口，表示鼠标进入 Unity UI 控件区域时的对应点。

- PointerExit（IPointerExitHandler/OnPointerExit）：类似于 onTriggerExit 或 OnCollisionExit，表示鼠标离开 Unity UI 控件区域时的对应点。
- PointerDown（IPointerDownHandler/OnPointerDown）：当 Mouse 按钮以及 Touch 被按下时被触发，且在每帧内被触发。
- PointerUp（IPointerUpHandler/OnPointerUp）：当 Mouse 以及 Touch 被释放时被触发（不包括单击操作的释放操作）。
- PointerClick（IPointerClickHandler/OnPointerClick）：当用户释放鼠标单击操作或者同一 GameObject 上的触摸操作时被触发（用户指尖未离开 GameObject）。
- Drag（IDragHandler/OnDrag）：当可拖曳对象开始移动时被触发（Movement 值增加）。
- Drop（IDragHandler/OnDrag）：其触发情形可描述为可拖曳对象处于被移动，且鼠标或触摸操作已被释放，同时完成运动行为。
- Scroll（IScrollHandler/OnScroll）：当使用鼠标或控制器滚轮时被触发。
- UpdateSelected（IUpdateSelectedHandler/OnUpdateSelected）：当控件内容被更新时被触发，例如文本框。
- Select（ISelectHandler/OnSelect）：当对象或切换控件被选取或处于焦点时被触发，例如 Interactable GameObjects/Controls 间的选取操作。
- Deselect（IDeselectHandler/OnDeselect）：当对象或切换控件取消选定或失去焦点时被触发，例如 Interactable GameObjects/Controls 间的选取操作。
- Move（IMoveHandler/OnMove）：当可拖曳对象处于运动状态时，表示为所触发的持续事件（Constant 量增加）。

根据上述事件，可编写相应的脚本，启用任意 GameObject（甚至是非 Unity UI 类对象），当 Unity EventSystem 生成此类对象时，可与上述事件进行响应，对应代码如下所示：

```
using UnityEngine;
using UnityEngine.EventSystems;
public class eventHandler : MonoBehaviour, IPointerClickHandler {
  #region IPointerClickHandler implementation
  public void OnPointerClick (PointerEventData eventData)
```

```
{
//Do something with a click
}
#endregion
}
```

当编写具有可读性的脚本文件时，语法#region十分有用，用户可在#region/#endregion代码块内合并或展开代码。

该语法可使代码更加整洁，读者可访问http://bit.ly/RegionSyntax获取与此相关的更多信息。

这提供了基本的实现方案，并向场景中的 GameObject 添加单击行为，稍后还将对此加以介绍。

对于所管理和捕捉的事件，用户需要使用到绑定于相机上的、相应的RayCast系统，进而对GameObject进行渲染。例如，如果将前述脚本绑定至3D模型上，则需要向主3D相机添加Physics Raycaster，该3D对象需要使用某种3D碰撞器，例如Mesh collider。

2.4.4 事件触发器

针对源自 UnityEvent 系统的输入事件，除了前述代码方案之外，还可通过图形系统向 GameObject 添加事件，即采用 Event Trigger，如图 2-40 所示。

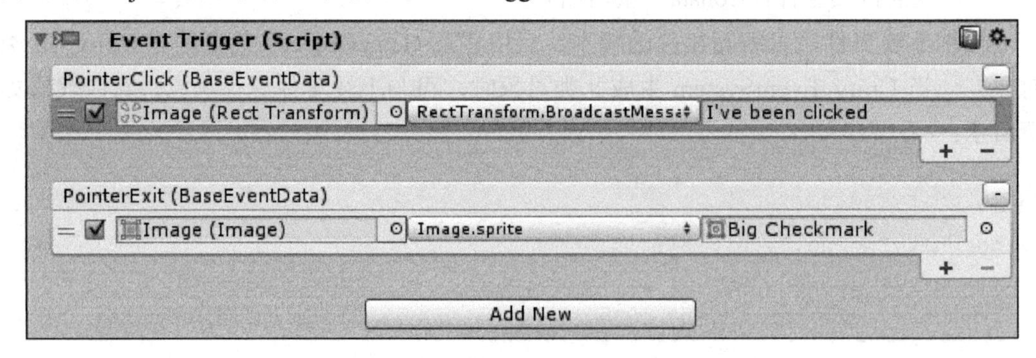

图 2-40

某些较新的UI控件通过之前讨论的界面于本地实现了Event Trigger行为，但该行为也可予以独立提供，并在Editor内进行扩展（虽然Unity建议使用代码方案或者内建控件）。

需要注意的是，虽然存在Event Trigger组件，但Unity建议，出于性能考虑，用户应编写自己的脚本。默认状态下，Event Trigger组件与全部事件绑定，并接收全部事件。随后，根据组件的具体配置，即可确定具体的操作对象，但性能方面与自己编写的特定脚本相比应有所欠缺。如果用户确实对此有所需求，仅需使用Event Trigger组件即可。

简而言之，Event Trigger可使用户实现下列操作：

- 在查看器中创建事件钩子（即PointerClick和PointerExit）。
- 将事件结果绑定至GameObject上。
- 选取某一属性、脚本或者目标对象上的其他属性进行操控（例如Image.sprite属性或者RectTransform. BroadcastMessage方法）。
- 适当情况下，可向目标调用提供值或输入。

除此之外，一类较好的方法是在事件结果上绑定多种不同的动作。因此，如果用户愿意，可更新多个不同的GameObject，或者单一事件结果上的目标GameObject的不同属性。

在第3章中，当讨论实现该行为的特定控件时，还将对此加以深入讨论。

2.5 本章小结

本章讨论了多种框架及其相关理论内容，但并未实现具体的UI。

本章主要涉及以下内容：

- 最新的Rect Transform系统。
- 多种控件布局方式。
- 基于多种分辨率的Canvas设计方案。
- 最新的Event系统及其UI操作。

至此，本章已经介绍了Canvas控件，第3章将在其上执行具体的绘制操作。

第3章 控制行为

前述章节讨论了大量的理论知识，其中包括传统的GUI系统，以及最新Unity UI系统的某些基础知识。本章将在此基础上进一步考查与UI相关的内容。

本章将通过新控件展示某些有趣的效果，并考查该过程中的处理方式。相关内容主要涉及2D全屏图形，第5章则考查不同的透视视角以及3D环境。

本章主要涉及以下内容：

- 最新UI控件中的基本控件。
- 基于新控件的示例。
- 基于最新控件的浏览导航系统。

本章篇幅较长且包含了大量内容，读者应花费些许时间深入理解。

3.1 概　　述

第1章介绍了最新UI控件中的某些控件，其中包括：

- Text控件
- Image和RawImage控件
- Button控件
- Toggle控件
- Scrollbar和Slider控件

与传统GUI中的控件相比，其数量并不算多，但读者会发现，上述控件均是较为重要的基础内容（当与最新UI系统中的其他特性结合使用时尤其如此）。

除此之外，Unity还提供了可扩展框架，并构建基于事件、结构和设计模式的控件，进而满足特定的需求。用户设置可采用Selectable组件添加至其他GameObject中（位于Canvas上），从而启用用户交互行为。

> 需要注意的是，当采用负宽度值和负高度值绘制RectTransform时，UI控件将无法绘制。对此，用户可旋转控件的方向，进而调整在场景中的绘制方式（包括逆转——UI控件均被视为两面纹理），但基本的RectTransform控件应在正方向上绘制。

3.1.1 添加代码

本节将通过编辑器设置控件，并向其中加入某些代码，进而添加某些数据值。

在后续章节中，还将继续通过代码方式构建并使用控件，包括基于界面的控件创建方法。

项目设置的重要性不言而喻，为了确保示例项目的整齐性和组织性，项目中的各种对象类型应在其各自的文件夹中进行组织，例如：

- Scenes
- Sprites
- Scripts

据此，用户可方便地获取所需内容及其位置。

3.1.2 构建项目

如前所述，用户可构建新项目测试相关示例，或者采用现有的项目（甚至可使用下载代码中的示例项目）。

当用户构建新项目时，该项目可能会是 2D 或 3D 项目（对于 UI 系统而言，二者并无差别）。

当构建3D项目时，默认状态下，图像将作为Textures导入，因而在导入后需要将其调整为Sprites。

3.1.3 内建图像中的警告消息

本章将引用 Unity 内部的图像，针对 UI 控件模板，将其用作默认图像。

在本书编写时，此类图像作为独立图像进行打包，而非是合成后的精灵对象表。鉴于图像的独立性，因而需要针对每个控件/图像进行独立的绘制调用，进而将其绘制至屏幕上。

如果用户使用自己的图像，并将其整合至单一的精灵对象表中，则 UI 屏幕将更为高效，且仅需少量的绘制调用即可。

3.2 文本处理

这里首先需要处理的控件/组件是 Text 控件，对于全部控件的文本绘制，可视为一类基础内容。

对应示例位于示例代码资源包中的Scenes\01-Text Control内。

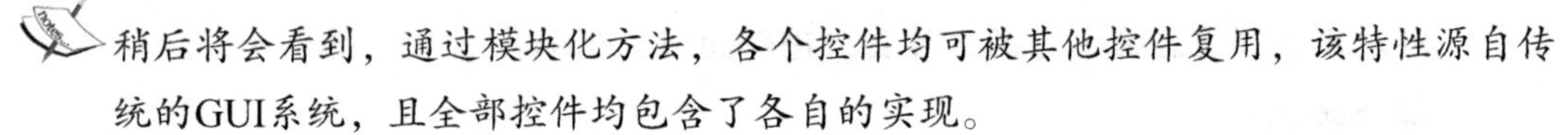稍后将会看到，通过模块化方法，各个控件均可被其他控件复用，该特性源自传统的GUI系统，且全部控件均包含了各自的实现。

然而，在某些场合下，用户可能并不欣赏这一做法，并会作为独立控件构建自己的UI控件。当然，具体方法视个人所好而定。

当文本在新 UI 系统中加以显示时，Text 控件在场景后方实现，并作为子组件/控件添加至所加入的当前控件。

在本书编写时，实际的文本绘制过程仍采用传统的绘制系统。对此，当缩放文本时，可能会导致图形缺陷，因而并非是理想状态。在Unity的后续版本中（例如Unity 4.x版本），该系统将被替换。

如果用户需要在项目中使用更为高级的Text绘制，或者添加更多的文本效果，则可尝试使用TextMeshPro，对应网址为http://bit.ly/UnityUITextMeshPro。

该工具的编写者Stephan Bouchard采用了最新的UI框架，并对其持续更新。据此，用户可在自己的项目中实现更加出色的文本效果。

在开始阶段，可通过下列方法向场景中加入 Text 控件（创建新场景或复用现有场景）：

- 在 Menu 中：GameObject | UI | Text。
- 在项目的 Hierarchy 中：Create | UI | Text。
- 在项目的 Hierarchy 中：Right-click | UI | Text。

除此之外，考虑到全部新 UI 控件同样还可视为组件，因而可向 Canvas 上的任意 GameObject 添加 Text 控件，介绍如下。

- 在 Menu 中：Component | UI | Text。
- 在 Inspector 中：Add Component | UI | Text。

在全部示例中，这将在 Scene 视图中的 Canvas 组件上，生成默认的 Text 控件/组件视图，如图3-1所示。

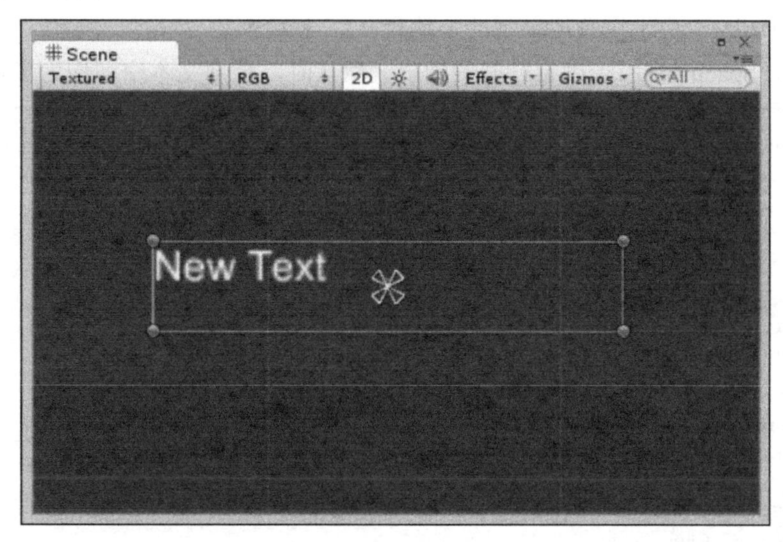

图3-1

文本周围的边框表示为控件周围的所选框，Text控件不包含边框，且仅表示为文本。如果Canvas不存在，用户也不必额外添加：全部UI控件将自动向当前场景中添加父Canvas及EventSystem。

控件上的文本default color设置为Black，并可在测试版本中根据具体要求进行调整。此处将其修改为白色以增加可见性。

随后，在Inspector中，对应效果如图3-2所示。

这将产生多种文本样式属性，进而可配置文本的绘制方式及屏幕显示方式。

Text控件包含下列属性。

- Text：表示为显示在屏幕上的文本。
- Font：根据项目中的导入字体列表确定所用字体。默认状态下仅提供Arial字体。

Unity支持多种Font类型，且大多数可从Font Definition文件中导入，用户甚至还可设计自己的Font类型。

关于Unity中的字体，读者可访问http://bit.ly/Unity3DFonts。

鉴于字体系统在Unity 4.x中并未产生变化，因而本书并不打算对此进行过多介绍。

- Font Style：文本表示为 Bold、Italics 或 Normal。
- Font Size：用于设置所显示的字体尺寸。
- Line Spacing：用于确定行间的间隔。默认时，全部文本空间均为多行状态。

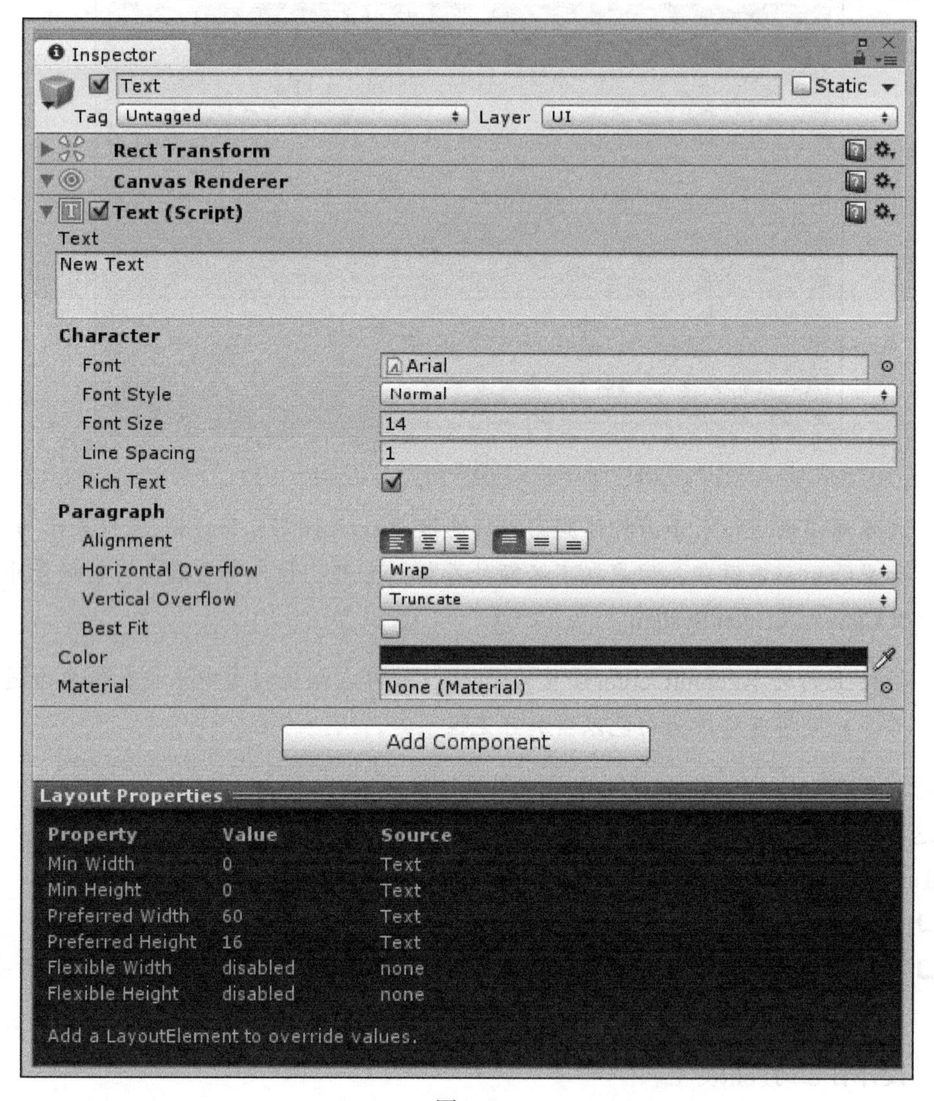

图 3-2

- Rich Text：表示 Text 控件启用了富文本绘制功能（这一点与传统的 GUI 系统保持一致，读者可参考第 1 章）。

- Alignment：表示文本置于文本控件中的具体位置，包括左、右、上、下等位置。
- Horizontal Overflow：对于所显示的控件，如果文本过长，这将控制文本于控件边框的过溢方式。该属性可设置为Overflow（保持同一行）或Wrap（位于新行的下一个单词处）。
- Vertical Overflow：类似于Horizontal Overflow，Vertical Overflow负责控制屏幕下方文本的过溢方式，该属性可设置为Overflow（位于垂直方向上的各行）或Truncate（不再进一步显示字符）。

如果文本在垂直方向上未匹配（换行符或环绕模式所导致的这一结果），且Vertical Overflow设置为Truncate，则未匹配行将被全部移除，即使位于Text控件区域之外。仅在文本框内外圈匹配的各行才在该模式下予以显示（这一点由审校者Adam Dawes指出）。

- Best Fit：可使文本重置字体的尺寸，以确保其在控件边框内匹配。另外，如果用户希望限制缩放操作，还可进一步设置最小和最大字体尺寸。
- Color：表示为字体的基本颜色（可通过Rich Text格式进行覆写）。其中，默认的文本颜色为Black。
- Material：表示为渲染所采用的默认文本颜色。需要注意的是，这并未包含Font图集，基础性的Text控件对此不予支持（当然，用户可对其进行适当扩展）。除此之外，该属性也常用于着色器的赋值操作。

3.2.1　简单的FPS控件

FPS计数器可视为大多数游戏中最为简单的文本示例，下面首先对其编写相应的脚本内容。用户可在新项目中创建新的C#脚本，将其命名为FPSCounter并加入下列代码：

```
using UnityEngine;
using UnityEngine.UI;
[RequireComponent(typeof(Text))]
public class FPSCounter:MonoBehaviour {
}
```

其中，通过RequireComponent属性，控件包含了与GameObject绑定的Text组件。同时，还需添加最新的UnityEngine.UI命名空间，进而加载全部最新的UI功能项。

随后，还需要加入某些简单的属性以跟踪脚本的 FPS，如下所示：

```
private Text textComponent;
private int frameCount = 0;
private float fps = 0;
private float timeLeft = 0.5f;
private float timePassed = 0f;
private float updateInterval = 0.5f;
```

当前，需要获取 GameObject 所用的 Text 组件引用（采用更严格的引用方式，而非在各次引用时查找相应的 Text 组件引用）。在 Awake 函数中，相关代码如下：

```
void Awake()
{
  textComponent = GetComponent<Text>();
  if (!textComponent)
  {
    Debug.LogError
    ("This script needs to be attached to a Text component!");
    enabled = false;
    return;
  }
}
```

由于使用了RequireComponent属性，因而无须针对脚本中的组件进行误差测试。尽管如此，测试操作仍是一个良好的习惯，当在不经意时，或者从脚本中引用其他组件时尤其如此。

最后，还需设置一个更新循环计算 FPS，并在 Text 控件上设置 Text 变量，如下所示：

```
void Update()
{
  frameCount += 1;
  timeLeft -= Time.deltaTime;
  timePassed += Time.timeScale / Time.deltaTime;
  //FPS Calculation each second
```

```
  if (timeLeft <= 0f)
  {
    fps = timePassed / frameCount;
    timeLeft = updateInterval;
    timePassed = 0f;
    frameCount = 0;
  }
  //Set the color of the text
  if (fps < 30) { textComponent.color = Color.red; }
  else if (fps < 60) { textComponent.color = Color.yellow; }
  else { textComponent.color = Color.green; }
  //Set Text string
  textComponent.text = string.Format("{0}: FPS", fps);
}
```

如果用户向场景添加 Text 控件，并于随后向其中加入了脚本（也可仅向 GameObject 添加脚本，鉴于 RequireComponent 属性，这将自动加入 Text 组件），则基本的 FPS 输出结果如图 3-3 所示。

图 3-3

另外，用户还可采用富文本方式绘制文本，必要时，用户可在 Text 设置中启用该选项。

3.2.2 添加输入交互行为

显示文本内容不可或缺，但当玩家需要输入文本时，情况又当如何？采用本地平台中的各项输入特性虽然可实现相关功能，但最终结果会包含某些缺陷。

为了获得较好的观感，Unity 提供基本的文本 Input 组件，当与 Text 控件（默认条件下，Input Field 控件将添加 Text 组件）以及作为背景的 Image 组件结合使用时，可获得较好的结果（如果用户愿意，还可将其添加至其他 UI 控件中）。

当添加 Input Field 控件时，可选择 Hierarchy 窗口中的 Create | UI | InputField 选项（或选择 3.2 节开始处所介绍的多个选项）。此时，Inspector 窗口中的附加选项如图 3-4 所示。

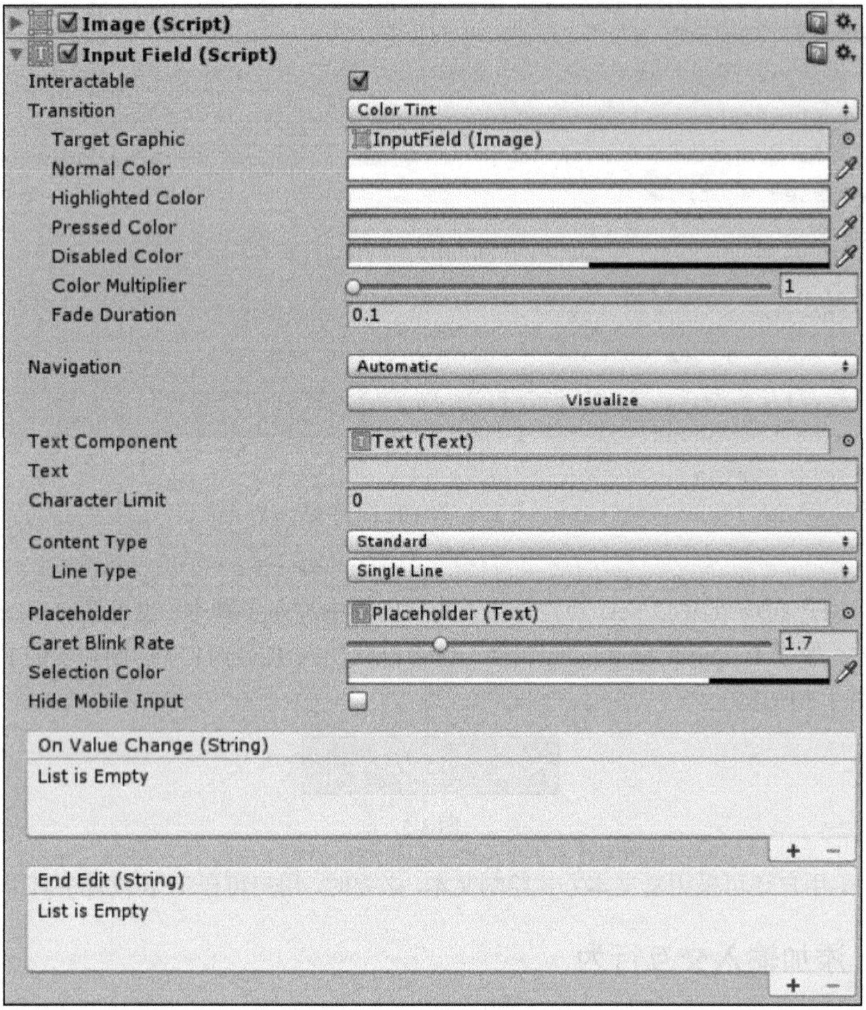

图 3-4

该控件包含多项内容，最终可实现期望的设计结果。

可以发现，其中涉及多个不同的选项，包括显示输入值的 Text Component 设置项（用户可提供默认值，并限定用户输入字符的数量），以及用户输入某一数值后方得以显示的 Placeholder 设置项（该项内容将默认值与用户实际输入的数据分离开）。默认状态下，针对 Text 和 Placeholder 属性，添加 Input Field 控件还将加入两个子 Text 组件。

针对 Input Field，该控件还包含了基于 Input Type 属性的多个配置项，其中包含了各自的可配置元素，介绍如下。

- Standard：表示单行或多行内容。
- Autocorrected：包含单词提示的单行或多行内容（编辑器中是否包含该项功能则取决于实际运行的平台）。
- Integer Number/Decimal Number：仅涉及数字内容。
- Alphanumeric：仅涉及字母和数字，但不包含某些特殊字符。
- Name：仅涉及字母，且各个单词的首个字母为大写字母形式。
- E-mail address：电子邮件地址文本验证。
- Password/Pin：消除包含字符或数字的条目。

除此之外，还存在某些自定义选项，并与上述各项内容混合使用，进而创建自己的输入控件风格。

其他选项还包括：文本插入符号的闪烁速度（显示用户的输入位置），以及用户高亮显示或选取相关内容时文本的颜色。

当考查 Button 控件及 Navigation 选项时，还将讨论 Transition 选项。

3.2.3 阴影效果

在 UI 框架中，存在某些选项可向相关内容中加入视觉效果，例如阴影、光泽或模糊效果。通常情况下，这一类任务由着色器完成，但该过程颇具技巧性，若用户缺乏足够的经验，则处理起来会相当耗时。

对此，Unity 提供了某些模块化的效果组件系统，并可调整与内容相关的顶点（3D 空间内的点），并于随后将其传递至渲染系统中。

当通过Canvas渲染器在场景中进行绘制时，UI内容将批量整合至四边形中，进而实现快速、便捷的渲染行为。这一简单方式可在渲染之前高效、快捷地调整四边形的效果。另外，这也适用于多个平台，且无须关注图形系统的类型。

Unity 4.6 中提供了多种视觉效果，其中之一便是 UI GameObject 上的阴影效果，进而可向 Text 组件上添加视效。然而，该效果仅可用于使用最新 UI 系统中 Canvas Renderer 的 GameObject（例如最新的 UI 控件）。

需要说明的是，全部效果均基于IVertexModifier接口，用户可据此构建自己的视效。对此，读者可参见UI系统的源代码以获取更多细节内容（参见第6章）。

当使用上述各效果时，可将所需组件简单地添加至希望绑定的 GameObject（例如，通过 Add Component | UI | Effects | Shadow 选项）中。当添加完毕后，查看器窗口中的 Shadow 组件，如图 3-5 所示。

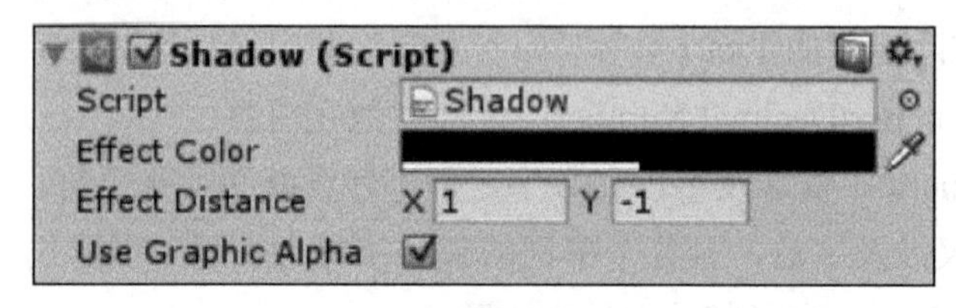

图 3-5

可以发现，Shadow 组件包含了多个选项可设置阴影的颜色（仅为颜色，且不涉及材质），以及相对于 GameObject 的阴影的拉伸长度。当使用 Shadow effect 时，对应效果如图 3-6 所示。

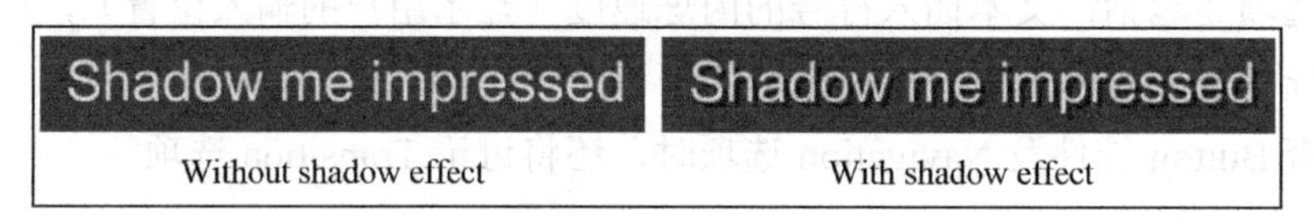

图 3-6

除了 Shadow effect 之外，Unity 还发布了其他两个 Effect 组件，如下所示。

- Outline：定义为 Shadow 脚本的扩展，针对文本提供了自定义的轮廓线。
- Position As UV1：表示为针对文本的 Position As UV1 着色器数据，其中需要进行某些先期准备工作。除此之外，对于构建基于 UI 元素顶点数据的某些效果，其中还涉及了较为复杂的示例。

因此，这将大大提升用户的编程技巧，并可根据个人意愿生成某些特殊效果，用户甚至可以出售自己的工作成果，并以此获得收益。就个人观点而言，本人也希望读者对此进行多方尝试。

3.3 显示图像

在最新的 UI 框架中，Image 控件/组件表示为纹理绘制的基础内容（即使用户仅使用彩色的文本框）。

另外，Image 控件对于输入而言同样十分重要。其中，当针对光线投射系统形成

Hittable/Interactable 区域后，用户需要玩家与 UI GameObject 进行交互。这在屏幕中定义了用户触摸/单击点，并于随后使用 Image 及其边界（通过 Graphics Raycaster）确定用户所交互的控件。

需要注意的是，如果希望测试3D数据，这里还存在其他Raycaster系统，例如Physics或Physics2D光线投射器。另外，用户还可在此基础上构建自己的系统。

当向场景中加入 Image 控件后，将在查看器中获得默认的视图，如图 3-7 所示。

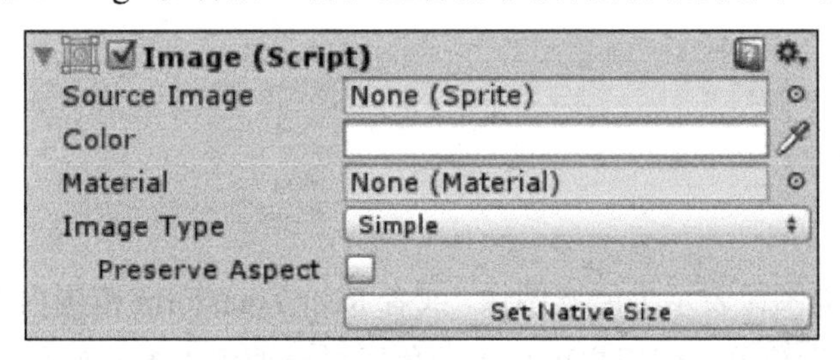

图 3-7

需要注意的是，仅当Sprite赋予Source Image属性后，Image Type方得以显示，针对基本图像或Masks，可将其用做简单的或透明的背景。

针对该控件，常见的选项如下。

- Source Image：表示为精灵图像，并在 Rect Transform 范围内进行显示。

除了颜色之外，如果图像未被选择，其他选项并不执行任何操作。若无图像，则该控件类似于具有某种颜色的框体。

除此之外，还存在一种称为Panel的预置纹理控件。Panel控件类似于Image控件，但包含了某种内建的精灵对象之一，以及预配置的Source Image。

- Color：表示为精灵对象或 Rect Transform 区域背景的着色。

如果 Sprite对象包含了黑色部分，上述着色不会对这一部分内容产生影响。

- Material：如果用户希望在 UI 控件上使用着色器，则可采用与其绑定的着色器材质。
- Preserve Aspect：如果希望在 Rect Transform 内统一缩放源图像，可单击该选项，源图像将保持与原始图像相同的宽高比，且与 GameObject 的 Rect Transform 的拉伸和扭曲无关（读者可参考 Image Type）。

- Set Native Size：如果希望将 GameObject 的 Rect Transform 尺寸重置为所选图像的原始尺寸，可单击该按钮执行此项操作。

3.3.1 图像类型

Image 控件以及 Image Type 的其他选项涉及多项内容和功能，其中包括：

- 简单图像
- 切片图像
- 拼贴图像
- 填充图像

1. 简单图像

顾名思义，此类图像表示为所选图像，或者 Rect Transform 范围内的基本颜色。其中，图像的绘制过程较为简单，但用户可采用着色器材质调整 Effect 组件的绘制/使用方式，进而修改 GameObject 的表达结果。

2. 切片图像

切片方法是指，用户可在图像范围内定义边框，随后，该边框存在于 Image GameObject 的 Rect Transform 的边缘附近。简单地讲，这可使图像的边框保持其宽高比，而图像的内部则可拉伸并填充当前区域。同时，无论图像尺寸如何，这将使得边框的观感相同（读者可参考第 5 章获取完整示例）。

当定义图像的边框时，可在项目的 Asset 视图中对其进行选取，并单击查看器窗口中的 Sprite Editor 按钮，打开 Sprite Editor（此时将支持 Single 和 Multiple 精灵对象图像）。当打开编辑器并单击所选精灵对象后（默认状态下将选择单幅图像），将在上、下、左、右侧看到围绕当前图像的边框，如图 3-8 所示。

待边框添加完毕后，将显示拾取的角点及边框，可围绕当前图像拖曳4个拾取的角点，或者手动调整边框尺寸属性加以实现。

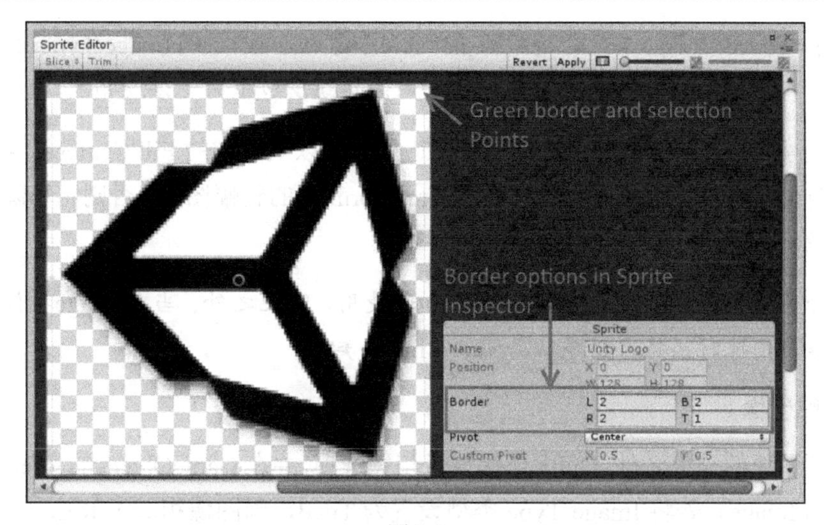

图 3-8

通过调整边框区域，即可利用 Rect Transform 的尺寸控制图像的缩放和拉伸部分（围绕当前边框）。

针对 Image 控制，若将用切片 Sprite 用作 Source Image，并将 Image Type 设置为 Sliced，则 Inspector 窗口中将显示如图 3-9 所示的结果。

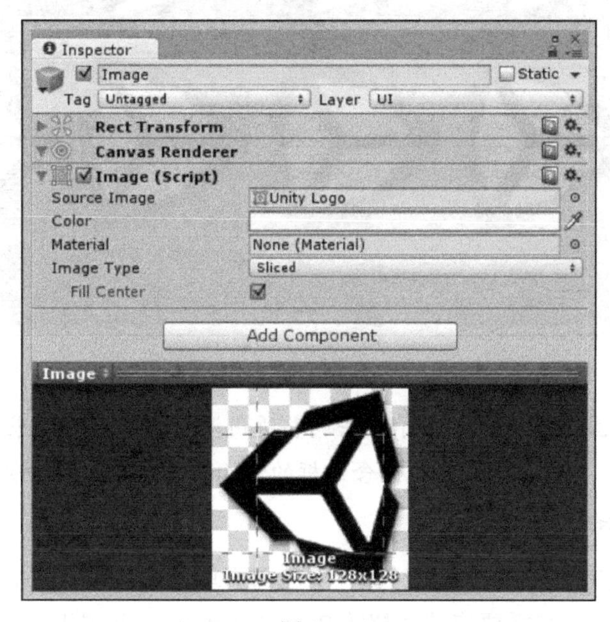

图 3-9

如果 Source Image未包含边框设置（大小为1的边框），将Image Type设置为Sliced时，将会显示警告信息，并提示用户图像在缺少边框时无法使用。

通过观察可知，图 3-9 中的窗口显示了边框位置以及附加的 Fill Center 选项——当选中该选项时，将利用非均匀缩放绘制 Rect Transform 中的整幅图像，否则将移除边框正方形中的图像部分。

包含边框的图像无法针对Tiled图像加以使用。除此之外，当对Image控件使用包含边框的图像时，将自动默认为Sliced Image类型。

3. 拼贴图像

除了源图像的缩放之外，Unity 还提供了相关选项，并在 GameObject 的 Rect Transform 范围内拼贴 Image。若将 Image Type 类型设置为 Tiled，则图像相对于 Rect Transform 的左下方角点并在水平和垂直方向上进行拼贴，如图 3-10 所示。

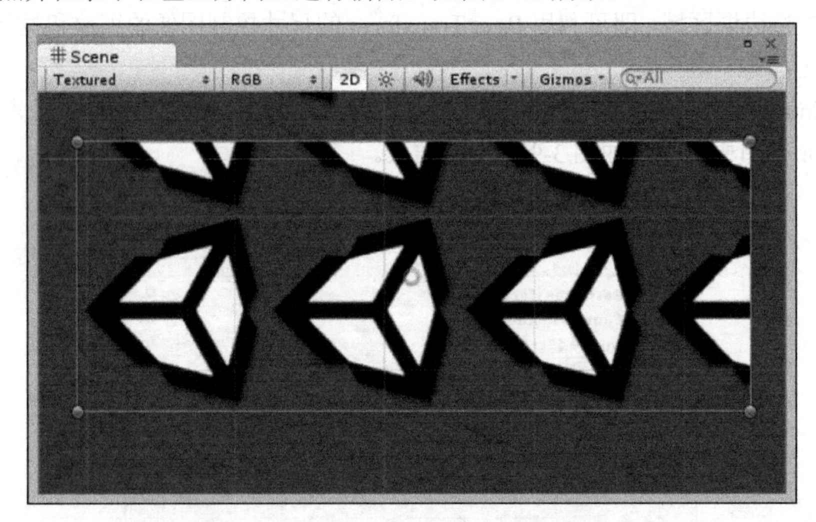

图 3-10

当前，Tiled图像的局限性在于无法调整所用源图像的缩放结果，并通过其原始尺寸进行绘制。另外，如果使用包含边框的Sprite对象，控件还将绘制拼贴后的边框，该结果难以令人满意。

Tiled 选项并没有太多内容可供讨论，对应内容均具有自解释特征。如果用户希望从不同的角点进行拼贴，则需要旋转并翻转 Rect Transform，并置于期望的角点处。

另外，用户还可创建自己的Image控件版本，覆写Tiled特性从而获取更大的灵活性。关于细节内容，读者可参考第6章。

4. 填充图像

作为 Image Type 的最后一个选项，Image 控件可提供较为有趣的视觉效果，即利用渐进式填充方式混合遮挡元素，进而将图像逐渐引入至场景中。若将 Image Type 设置为 Filled，则查看器窗口中的对应结果如图 3-11 所示。

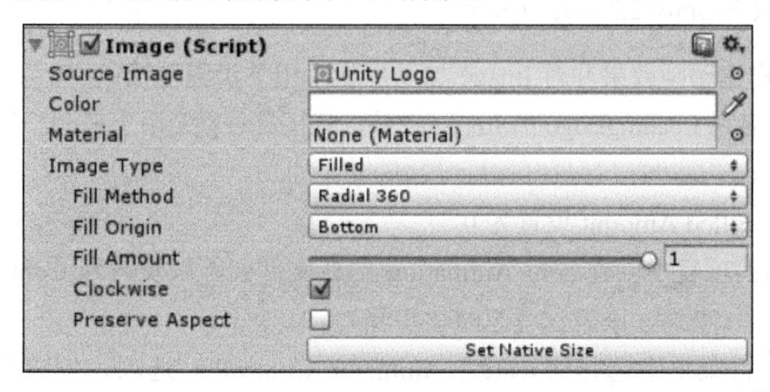

图 3-11

其中包含了某些较为熟悉的选项以及少量的新选项，用户需要对此类选项进行设置，以获取实际效果。相关选项介绍如下所示。

- Fill Method：据此可设置图像的填充方式，例如 Horizontal 或 Vertical 方式，90°、180°或 360°的 Radial 行为。
- Fill Origin：设置了填充的起始位置，取决于所选的填充类型，相关选项包括 Top、Bottom、Left 或 Right。
- Fill Amount：作为简单的滑块，其范围定义为 0～1，进而控制图像填充的百分比。
- Clockwise（仅对 Radial 填充有效）：如果希望改变填充方向，可将其翻转至其他方向，该过程较为简单。
- 作为 Radial360 填充示例，图 3-12 显示了 FillAmount 属性的调整过程。

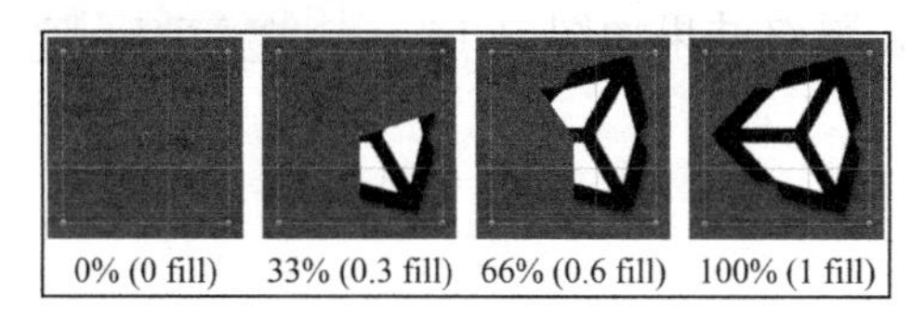

图 3-12

3.3.2　向混合结果中添加动画

在最新的 UI 系统中，各部分内容均可实现动画效果。对此，可采用 Filled Image 控件实现简单的图标动画。

这里仅涉及Unity Animation系统的基本内容，该系统超出了本书的讨论范围，建议读者阅读与Unity 2D相关的书籍。

下面首先构建动画效果并对 Image 加以控制，相关步骤包括：

（1）创建名为 LoadingLogo 的 Image 控件，将精灵对象应用于其上，并将 Image Type 属性设置为 Filled。

（2）确保 Filled Amount 设置为 0。

（3）在当前项目中创建名为 Animation 的新文件夹，以及名为 Controllers 和 Clips 的两个子文件夹（当然，读者也可忽略该步骤）。

（4）在项目菜单中选择 Create | Animator Controller 选项，生成新的 Animation Controller，并将其保存至 Animation\Controllers 文件夹中。

（5）双击新创建的控制器，并打开 Animator 编辑器窗口。

（6）右击 Animator 窗口，选择 Create State | Empty 选项，并向当前控制器添加新状态，随后可将新状态重命名为 Start，如图 3-13 所示。

（7）返回至当前场景，并向 Image 控件添加 Animator Component，即选择 Add Component | Miscellaneous | Animator 选项。

（8）向 Animator 应用最新的 LoadingLogo Animation Controller，即将其从项目视图中拖曳至 Controller 属性中，最终结果如图 3-14 所示。

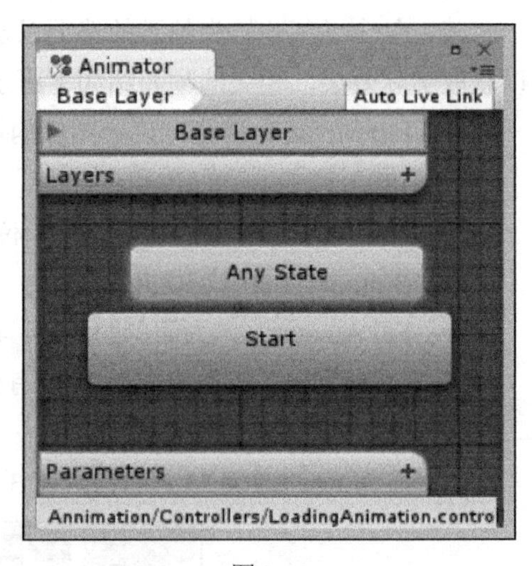

图 3-13

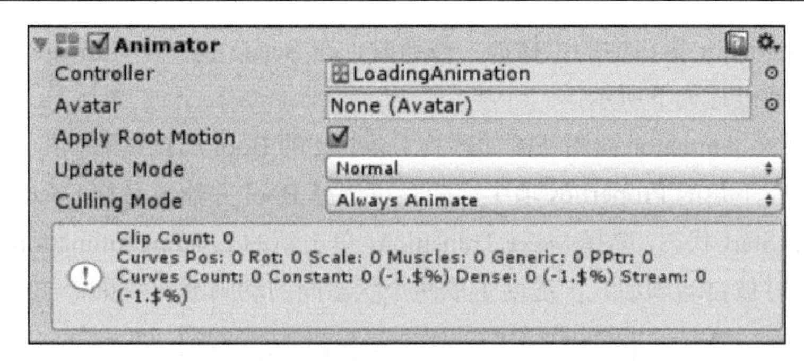

图 3-14

（9）选择 LoadingLogo GameObject，并打开 Animator 窗口（选择 Menu | Windows | Animation 选项）。

（10）单击 Animation Dope 剪辑下拉菜单中的 Create New Clip 项，创建新的 Animation 剪辑（提示时，可将其保存至 Animation\Clips 文件夹中），并将其命名为 LoadingAnimationClip，如图 3-15 所示。

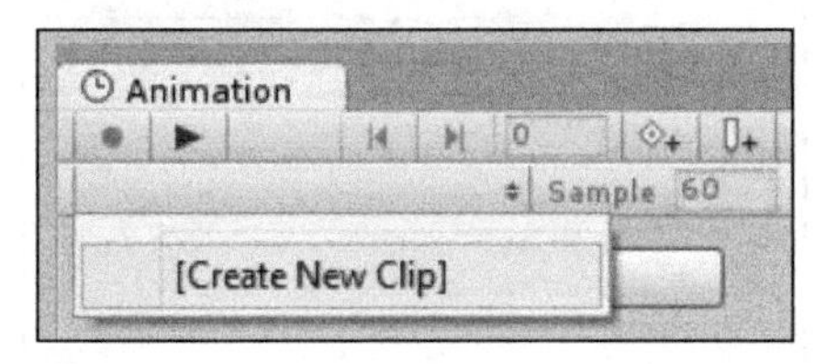

图 3-15

（11）单击 Record 图标，进而设置 Dope 轨迹窗中的记录功能（图 3-15 中的圆点），同时还可将时间值设置为 1s，即单击轨迹窗中的 1:00 点（该点处将显示一条直线）。

（12）选取 Image 控件并将 Fill Amount 调整至 1。随后，新属性将添加至视图中，如图 3-16 所示。

图 3-16

当单击 Animator 窗口中的“播放”按钮时，在 Scene 视图中，Image 将以渐进方式进行填充，对应过程如下所示：

（1）返回至 Animator 视图并添加称为 Loading 的 Bool 属性，即单击“+”图标，该图标位于屏幕左下角的 Properties 项中。随后可选择 Bool 并输入名称 Loading。

（2）右击 Start 状态，选择 Make Transition，单击新的 LoadingAnimationClip 状态（之前创建新剪辑时被自动添加），进而生成两个状态间的动画渐变效果，如图 3-17 所示。

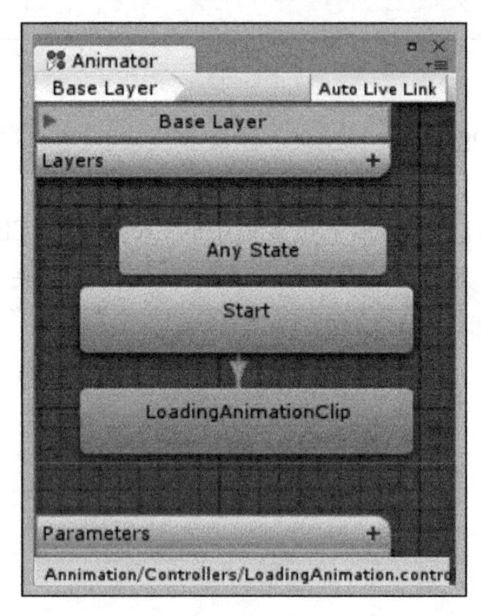

图 3-17

（3）选取 Start 和 LoadingAnimation 之间的新的渐变过程（即箭头所指方向）；在 Conditions 部分下方的查看器中，单击下拉菜单并选择新的 Loading 属性，如图 3-18 所示，检查该值是否设置为 true（默认状态）。也就是说，当 Loading 属性设置为 true 时，动画应移至所链接的状态（单路）。

图 3-18

（4）重复上述两项内容，将创建 LoadingAnimation 状态与 Start 状态之间的渐变效果，其中，Loading 条件设置为 false。

当游戏处于 Loading 状态时，需要通知当前动画状态。对此，可添加一个脚本并在场景启动时播放动画。

在文件夹中创建名为LoadingAnimation的新C#脚本，并利用下列代码替换原有内容。

```
using System.Collections;
using UnityEngine;

public class LoadingAnimation : MonoBehaviour {

  Animator loadingAnimation;
  // Get the Animator component on Awake
  void Awake () {
    loadingAnimation = GetComponent<Animator>();
  }

  // Start the loading animation by setting the animation
  // Loading property to true
  void Start () {
    loadingAnimation.SetBool("Loading", true);
    StartCoroutine(LoadLevel());
  }

  // A simple coroutine to wait 3 seconds and load the level
  IEnumerator LoadLevel()
  {
    for (int i = 0; i < 3; i++)
    {
        yield return new WaitForSeconds(1);
    }
    loadingAnimation.SetBool("Loading", false);
    //Application.LoadLevel("Main Menu");
  }
}
```

上述脚本内容较为简单：获取指向 Animation 的应用，并在启用阶段将 Animation 的 Loading 属性设置为 true。在 3s 之后，将停止动画并加载关卡（在示例中，该部分内容被注释掉）。

随后，可将脚本与 LoadingLogo GameObject 绑定。当前，用户拥有了一个较为简单的加载动画，该动画可与任意的 Filled Image Type 选项协同工作。

3.3.3 RawImage 上的单词

Image 控件同时也是 RawImage 控件，二者唯一的差别在于，RawImage 使用 Texture 而非 Sprite 对象作为其 Source（在当前示例中为 Texture 属性）。

除了高级纹理导入属性之外，这里最大的优点在于，用户可据此显示下载自 Web 的图像（待用户下载完毕后）。同时，还存在相应的函数将下载后的图像流转化为 Texture。

3.4 按钮控件

在交互范畴内，用户需要处理组合控件，即 Button 控件/组件。实际上，Button 控件并非是单一实体，而是某一横幅下多个不同组件的组合结果。通过构建或组合多个控件，Button 表达了更为丰富的内容。

类似于之前的控件，用户可通过菜单、项目的 Hierarchy 或使用组件选项（Create | UI | Button）添加 Button。待 Button 控件添加完毕后，对应操作步骤如下所示：

- 添加 Image 控件。
- 实现按钮脚本：
  - 添加 Selectable 控件（稍后将对此加以讨论）。
  - 多个 Trigger 事件。
- 添加 Text 控件（作为子控件）。

此处需要使用到绘制上述全部特性的内建栈。下面通过 Button 控件对此加以考查。

需要注意的是，作为示例，上述内容源自UI源示例，如果读者将其添加至自己的项目中，将会产生错误——当前已存在Button控件/类。

```
using System;
using System.Collections;
using UnityEngine.Events;
```

```
using UnityEngine.EventSystems;
using UnityEngine.Serialization;

namespace UnityEngine.UI
{
 // Button that's meant to work with mouse or
 // touch-based devices.
 [AddComponentMenu("UI/Button", 30)]
 public class Button : Selectable,
   IPointerClickHandler, ISubmitHandler
 {
   [Serializable]
   public class ButtonClickedEvent : UnityEvent { }
   // Event delegates triggered on click.
   [FormerlySerializedAs("onClick")]
   [SerializeField]
   private ButtonClickedEvent m_OnClick =
     new ButtonClickedEvent();
   protected Button() { }
   public ButtonClickedEvent onClick {
     get { return m_OnClick; }
     set { m_OnClick = value; }
 }
 private void Press() {
   if (!IsActive() || !IsInteractable())
      return;
   m_OnClick.Invoke();
 }
   // Trigger all registered callbacks.
   public virtual void OnPointerClick(PointerEventData
   eventData) {
   //Click handler for left click
   }
   public virtual void OnSubmit(BaseEventData eventData) {
     Press();
     // Submit handler
```

```
    }
    private IEnumerator OnFinishSubmit() {
      // Finish submit handler
    }
  }
}
```

可以发现，Button 实现源自 Selectable 控件，或者表示为 EventSystem 接口的直接实现。代码的主要内容（考虑到篇幅较大，代码删除了某些内容）处理 Button 的单击操作，以及针对某一表单 Button 引发 Submit 事件后的行为（主要针对键盘事件，而非鼠标或触摸行为）。

当在 Hierarchy 和 Inspector 窗口中考查 Button 控件时，对应结果如图 3-19 所示。

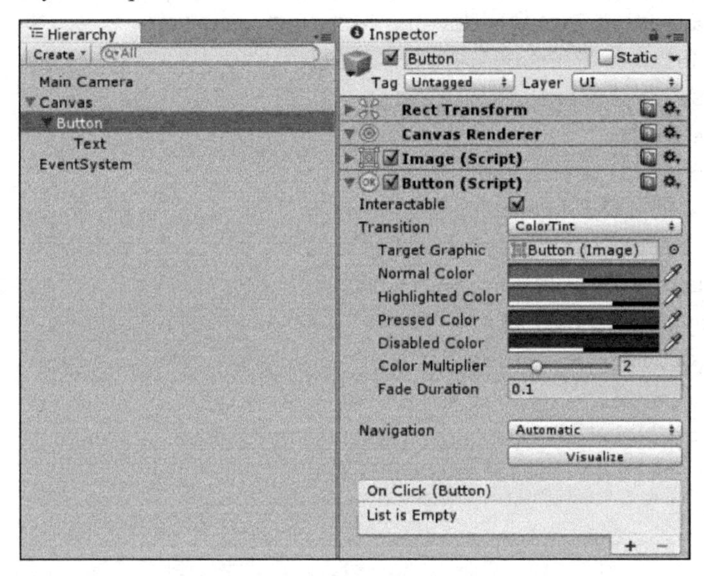

图 3-19

这显示了编辑器中实现后的全部控件，下面考查这一类新控件。

3.4.1 选择操作

Selectable 组件包含 GameObject 所需的一切内容，并响应来自 UnityEvent 系统的外部事件，并于随后根据此类事件提供多个图形化行为。

需要注意的是，为了使Selectable组件正确工作，需要包含一个组件与当前使用的光线投射系统进行交互。默认状态下，该过程需要一个绑定的Image组件，并与默认的Graphic的Raycaster协同工作。必要时，用户还可使用其他光线投射器。随后，还需要将对应的检测组件（例如，针对Physics Raycaster的物理碰撞器）绑定至Selectable的GameObject上。

默认状态下，Selectable 控件管理的事件包括：

- OnPointerEnter/OnPointerExit（悬停/高亮）
- OnPointerDown/OnPointerUp（按下后）

这向控件提供了源自 UnityEvent 系统的输入内容（包括触摸、鼠标或键盘操作）。如果仅考查 Button 控件的 Selectable 组件部分，Transition 选项如图 3-20 所示。

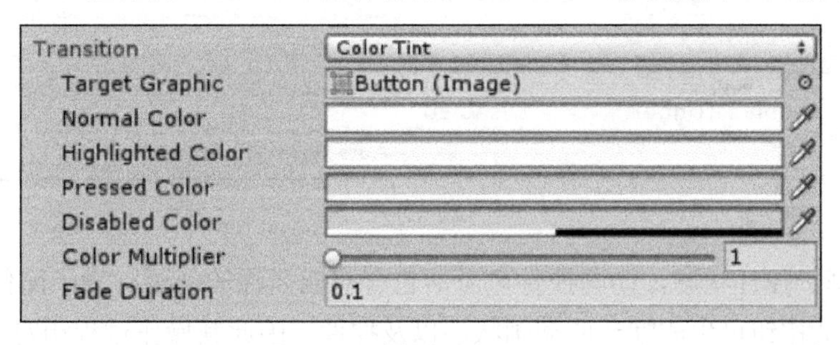

图 3-20

其中的 Transition 选项提供了多个可用的自定义选项，并根据当前输入状态对 UI 组件的可视化结果产生影响，包括：

- 鼠标指针是否位于 GameObject 之上（即悬停，仅支持鼠标）。
- GameObject 是否被按下（支持鼠标、触摸以及键盘操作）。
- 控件上的交互行为是否被禁用。

Transition 的类型确定了上述事件的结果，其中包括：

- ColorTint（如图 3-20 所示的默认状态）：针对基于控件状态所选择的 Image，这将调整其基色。
- SpriteSwap：利用基于控件状态的精灵对象替换目标图像，如图 3-21 所示。

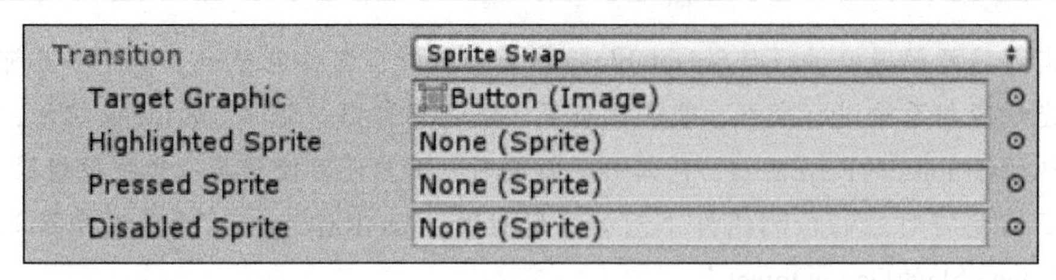

图 3-21

- Animation：如图 3-22 所示，除了某些前述讨论的基本特性之外，实现了 Selectable 组件的控件同样需要设置相关选项。基本上讲，通过 Mecanim 动画系统产生的事件，用户可实现多项功能。

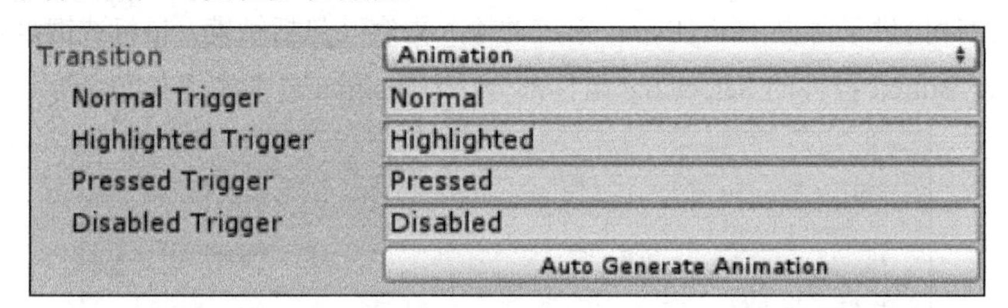

图 3-22

因此，基于控件状态，动画控件可激活包含对应名称的动画。为了简化实现过程，Unity 通过相关按钮可生成默认的动画状态以及控件，因此其操作过程相对简单。

如果用户希望在多个按钮上使用同一动画，可向附加按钮添加Animation Controller组件，并于随后将创建的控件拖曳至新按钮上。

在稍后的示例中，将对动画选项加以深入讨论。

None：该选项不执行任何操作。

关于 Selectable 组件，一个较好的特性是可将其绑定至 UI Canvas 上的任意 GameObject。因此，如果希望文本响应于触摸行为、鼠标或者图像（基本上为按钮操作），则可通过该组件实现。另外，用户还可制定自己的 Selectable 版本，并包含独有的特征。

如果希望利用Selectable组件实现的Event执行某些操作，则需要使用到Event Trigger组件（参考第2章），或者实现了Event接口的脚本（类似于按钮脚本），稍后将对此加以讨论。

3.4.2 事件处理

下面讨论基于最新 UI 系统的某些附加内容，即图形事件连接。

默认状态下，Selectable 组件监听事件，但 Button 需要处理此类事件，例如开启光源、激活角色的技能或者退出游戏（该功能默认时处于禁用状态）。对此，Button 控件还实现了 IEventSystemHandler 和 IPointerClickHandler 接口。

这里所提及的接口定义为EventSystem的子组件。当运行时，EventSystem自动搜索实现了接口的组件和脚本。Button类似于第2章所讨论的Event Trigger组件，但仅针对特定事件处理加以设计，因而避免了提供全部事件类型时所产生的开销（这里仅涉及单击时间，这也是Button所需的全部内容）。

当考查 Button 控件的 Event 部分时，对应界面如图 3-23 所示。

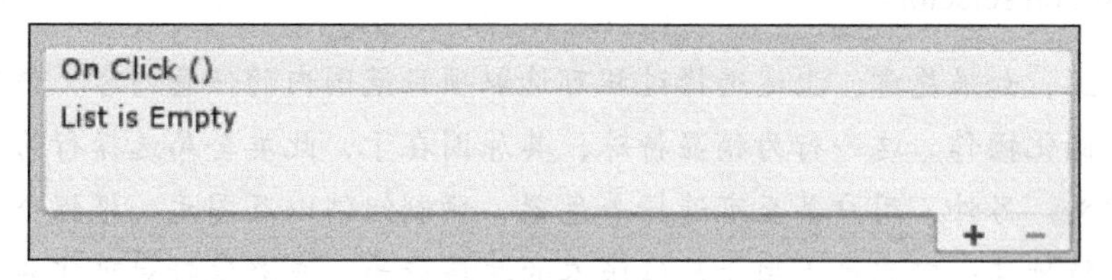

图 3-23

通过该简单界面，可将源自 UnityEvent 系统中的 Click 事件绑定至 Unity Editor 内的任何事物上，其中包括：

- Script 方法（非静态）
- GameObject 属性
- GameObject 组件

第6章将详细讨论脚本方法的相关参数。当前，读者仅需了解可使用基本的.NET类型即可，例如字符串、浮点数、整数、布尔值以及作为参数值的Unity类型。

当单击“+”时，可将相应的动作行为添加至列表中。当产生事件时，列表中的各项内容将被调用或执行。图 3-24 显示了列表中的各项行为。

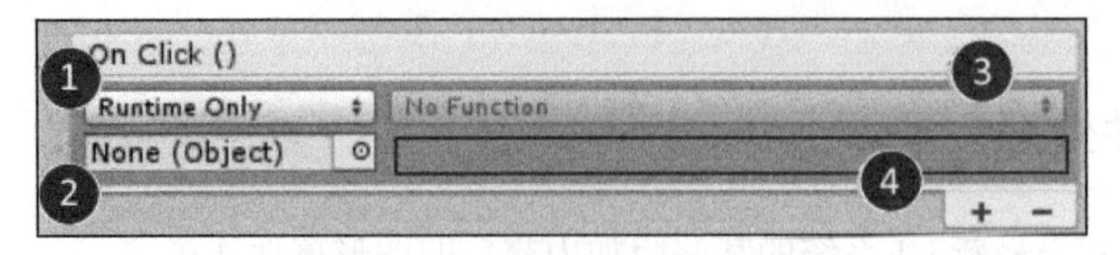

图 3-24

列表中的各项内容介绍如下。

（1）Runtime selector：用于确定事件出现于编辑器或游戏中。通常情况下，存在相关选项可关闭 Event 系统，且无须对其进行检测。

当选取某一编辑器选项时，Runtime selector等同于脚本中的[ExecuteInEditMode]属性。

（2）Object selector：单击 Object selector 将弹出标准的对象浏览窗口，用户可在当前场景或者全部项目中选择多项内容（包括内建 Unity 资源数据）。随后，选取某一对象后将启用 Action selector。

实际上，如果愿意，上述选择过程可选取项目范围内的任意内容，但不会对其进行实例化操作。这一行为稍显特殊，其原因在于，此类全局选择行为并不具有实际意义。另外，用户甚至可选择着色器、预制组件以及图元。根据个人猜测，这一类特性在一定程度上用于后续版本的扩展行为，或者仅针对可实施资源数据作为全局过滤器使用。基本上讲，并非是所选内容均为有效。

（3）Action selector：根据所选对象，Action selector 中设置了多个不同的选项，基本上可生成与所选对象绑定的全部组件列表，其中包含了可用的属性或方法列表。例如，通过选取 Button GameObject 自身，可查看到如图 3-25 所示的行为组件。

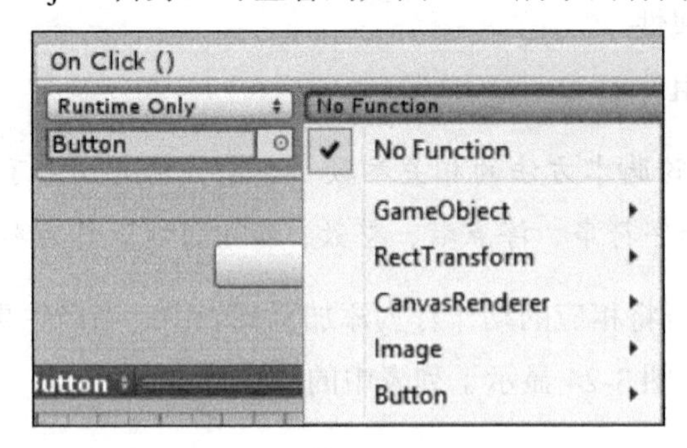

图 3-25

其中显示了可供选择的Button中GameObject的各部分内容。例如GameObject自身、对象的Rect Transform，甚至是Button的独立组件（不包括子组件，仅为所选的GameObject）。待按钮的Button组件选择完毕后，即可看到如图3-26所示的属性和方法列表。

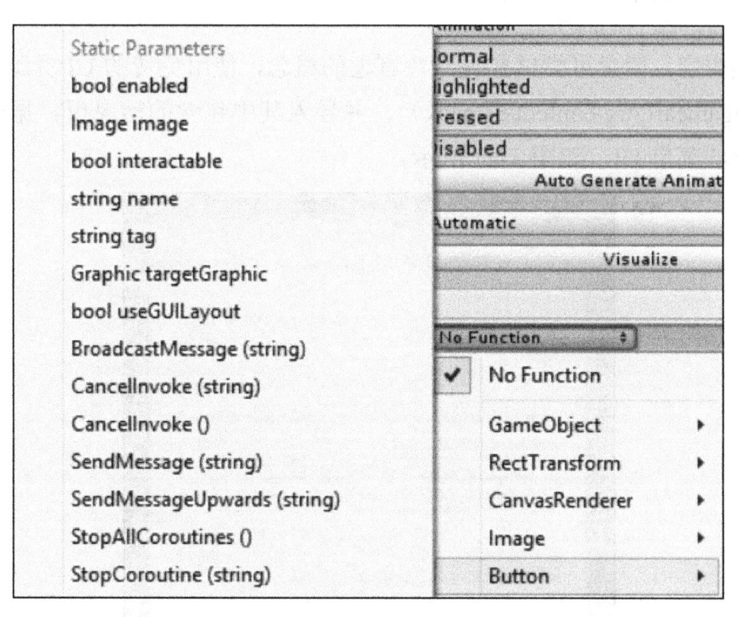

图3-26

（4）Value selector：所选取的行为将决定是否启用Value box。如果用户选择了可编辑的属性，或包含某一参数的脚本方法，则启用后用户即可设置属性，或者向对应方法中传递单一标量。若该方法并未使用变量，则显示为禁用状态。另外，Value设置项同样与类型有关，并可根据所需的变量/属性类型、bool复选框以及图像选取器等调整其外观。

需要注意的是，在编写本书时，包含多个参数的方法以及静态方法/类尚未得到支持。

全部功能项产生了大量的选择余地，且均可在编辑器中加以实现，同时无须涉及编码过程（当然，与单击操作相关内容需要使用到与当前对象绑定的脚本）。

当前按钮仅展示了Click事件（这也是按钮的主要操作行为）；如果需要更多的事件并添加行为，则需要对基础按钮控件进行扩展。

 用户并非仅局限于独立行为（事件网格中的一行），必要时可包含任意多个行为。

当从列表中移除某一项行为时，可单击特定行并单击“-”符号。

3.4.3　最终的菜单效果

根据前述内容，读者可尝试实现某些有趣的概念，使用免费的 UI 资源包（对应网址为 http://opengameart.org/content/ui-pack），并导入其中包含的精灵板。据此，即可构建具有较好观感的菜单 UI，如图 3-27 所示。

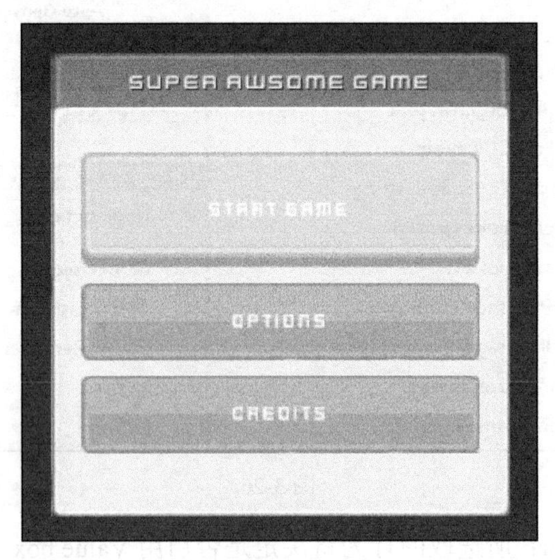

图 3-27

上述示例及其代码位于本书的示例项目中。

然而，当使用上述 UI 资源包时，用户可能会遇到与 2D 精灵对象编辑器相关的问题。当配置精灵对象个体时，大多数 2D 精灵板使用左上方角点作为(0,0)位置；而 Unity 精灵对象编辑器则采用左下方位置作为(0,0)位置。

因此，当采用精灵对象板配置文件（通常利用精灵对象板）确定精灵对象的位置和尺寸时，X、宽度及高度通常不会产生问题，而 Y 值则需要特别关注。对此，可使用精灵对象板的高度值和期望值，并于随后获取基于 Unity 的 Y 位置。例如，精灵对象板的高度为 210，按钮高度为 45，则精灵对象板配置中，Y 值 39 将在 Unity 中转换为 126（逆置）。前述 UI 资源包含了此类精灵对象板配置文件，用户可导入 3 个精灵对象板并尝试对其进行设置，或者作为模板使用下载代码中的示例。

如果读者不熟悉Sprite Editor，建议观看相关的Unity视频教程，对应网址为http://bit.ly/ Unity2DSpriteEditor，或者参看2D方面的书籍，例如Mastering Unity 2D Game Development, Packt。

当使用导入后的 UI Pack 精灵对象模板时（包括蓝色、黄色和灰色），可通过如图 3-28 所示的层次结构建示例菜单。

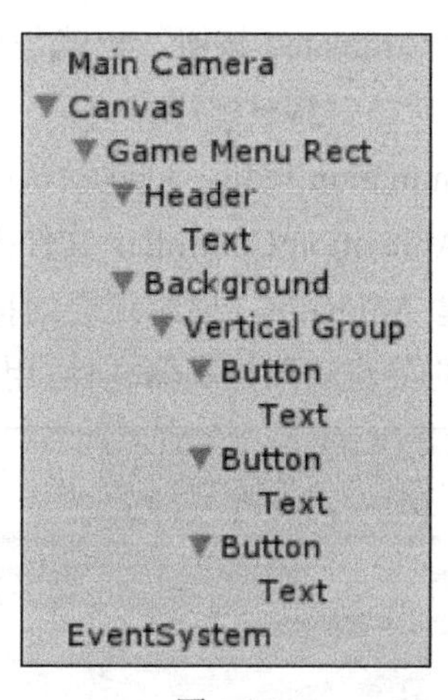

图 3-28

相关定义介绍如下。

- ❑ Canvas：基本的屏幕空间 Canvas。
- ❑ Game Menu Rect：表示为菜单区域的空 GameObject（Width 为 300，Height 为 300）。
- ❑ Header：表示为源自蓝色精灵对象板和白色文本，并使用图标的标题图像。
- ❑ Background：表示为源自灰色精灵对象板，并使用背景精灵对象的 Image。
- ❑ Vertical Group：位于菜单背景的中心位置，且 Content Size Fitter 设置为 Vertical Fit Preferred。
- ❑ Button：设置为精灵对象的切换状态。其中，蓝色精灵对象表示为正常状态；黄色表示为高亮状态；另一种黄色表示为按下状态；灰色表示为禁用状态。除此之外，由于使用了 Content Size Fitter，因而需要添加 Layout Element 组件，并将 Preferred Height 设置为 50。

待精灵对象板正确设置后（通过切片精灵对象或者基本图像），即可获得较好的基本效果。当鼠标指针悬停于其上时将变为黄色；单击行为将对其进行轻微调整；当禁用交互行为时，则按钮变为灰色。

另外，UI包中涵盖了kenvector_future.ttf字体，如果用户对此有所顾虑，则可在Unity项目中弃用该字体，并设置Text组件的Font，进而获得不同的观感效果。

在此基础上，读者还可做适当改进，如下所示：

（1）将 Start Button 修改为 Animated 按钮，也就是说，将 Button 的 Transition 属性设置为 Animation。

（2）单击 Auto Generate Animation 按钮，创建默认的动画控制器。当出现提示时，可将该控制器保存至项目中的 Animation\Controller 文件夹内（如果不存在，则对其进行创建）。这将针对当前按钮创建 Animator（同时还会向按钮 GameObject 添加 Animator 组件）。通过双击如图 3-29 所示的最新动画控制器文件，用户可于任意时刻查看 Animator。

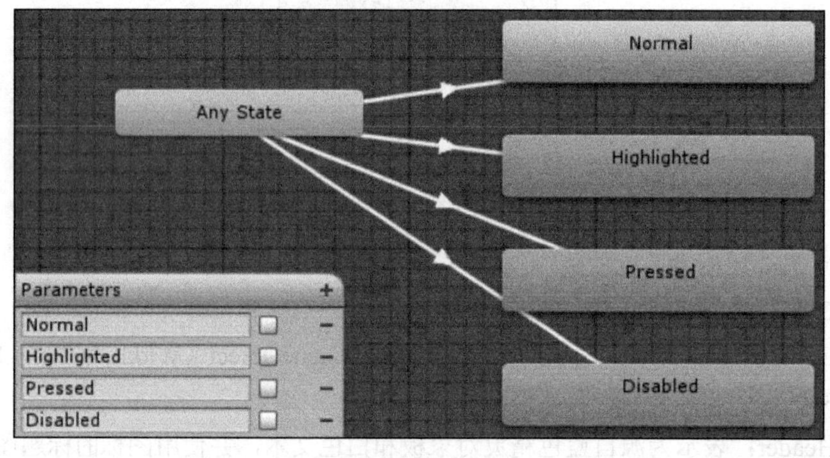

图 3-29

（3）选择项目层次结构中的 Button，并打开 Animation 窗口（选择 Menu | Window | Animation 选项）。若打开 Clips 下拉菜单，则会查看到 4 项内容，分别对应于各个 Button 状态。

（4）选择 Highlighted 剪辑，并确保 Record 按钮被按下。此时，窗口中应出现一条红线，且编辑器上方的 Play 变为红色（作为警示，当前任意变化内容均会添加至动画中）。

（5）将按钮图像控件的 Source Image 调整为黄色精灵对象板中的图像（当前已从

Sprite Swap 切换至 Animation 模式，因而之前的选项不再发挥作用）。

此处无须设置动画位置——该位置将根据按钮的之前状态实现自动混合。

（6）除此之外，还需要将 Button 的 Layout Element 组件中的 Preferred Height 设置为 100，进而拉伸 Button。

当采用最新的UI系统时，较好的方案是控制/调整空间的本地尺寸，而非对其进行缩放，以使UI系统可实现更为有趣的效果。考虑到按钮为布局组件，因而无法直接改变其尺寸，这也是使用Layout Element和Content Size Fitter的原因。当然，必要时，用户依然可采用缩放操作。

随后，可关闭 Animation 录制功能，并播放当前场景。当鼠标指针悬停于按钮上时，Button 将重置其尺寸，并改变其颜色。

针对其他状态，用户还可尝试使用多种动画剪辑。在本书的示例代码中，当单击按钮时，该按钮可实现旋转行为。

完整的示例代码位于Code Download文件夹中。

3.5 行 进 方 向

在日常驾驶操控时，司机往往需要处理转向问题，这一点与 Toggle 控件类似，此类控件一般负责二元判定操作（或者其他操作）。

简而言之，大多数 Toggle 控件基本上负责处理开启和禁用行为。

类似于 Button 控件，Toggle 控件根据多种控件和组件予以实现，图 3-30 显示了该控件添加至 Scene 后的效果。

图 3-30

可以发现，Toggle 控件涵盖了多个组成部分，其设置过程稍显复杂，如下所示：

- 父 Toggle GameObject。
- 针对 Toggle 选项的子 Background 图像（Unity 基图像）。
- Background 的子 Image，包含了 Toggle 上的 Checkmark 精灵对象。
- 相对于 Toggle 项的 Label 偏移（作为 Background 的子对象）。

该系统具有较大的灵活性，用户可根据个人需要对其进行调整，Unity 中的默认版本可视为一个快速的入门示例。

下面考查添加至父对象中的 Toggle 组件，并讨论 Toggle 的实际操作过程，如图 3-31 所示。

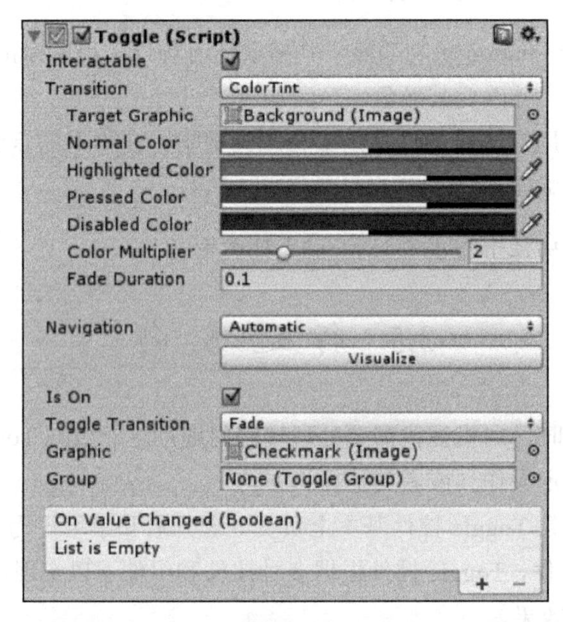

图 3-31

通过观察可知，Toggle 包含相同的 Selectable 基组件，并作为 Button 控件和事件句柄。此处采用了 On Value Changed 事件，而非 Clicked 事件。

图 3-31 中间部分显示了与 Toggle 相关的特定选项，介绍如下。

- Is On：用于确定 Toggle 的初始状态，即激活状态。
- Toggle Transition：控制切换图形进入和离开视图的方式，即闪烁方式或者淡入淡出方式（后者表示为默认状态）。

> 针对渐变行为，当前仅存在两种选项。这里也将尝试介绍更多内容，至少会讨论Mecanim机制，相关内容或许也会在后续更新版本中予以扩展。

- Graphic：表示为精灵对象并用于检测图像（而非前述内容所讨论的选中后的GameObject，该对象表示为选中后的背景），该图形可通过 Toggle 开启或关闭。
- Group：表示为 Toggle 分组形式，且每次仅可选中组中的单一项。因此，根据 Unity 提供的默认设置，全部所需内容即是 Toggle 图形以及现有完成的操作。但 Unity 建议，为了获取较好的 UX，相关内容不应仅限于此。

3.5.1 分组选项

如前所述，在 Toggle 控件属性中，多项切换可在单一组件下进行分组。切换组件的实际效果表明，组件内每次仅单一 Toggle 处于激活状态（选中状态）。这对于提供了多项选择内容，但每次仅有单一正确答案这一类情形十分有效。

分组组件可置于场景中的任意位置。一种较好的方法是创建父对象（空对象），向其添加 Toggle Group，随后可放置各个切换项（当前组件中的内容，且作为父 GameObject 的子对象），如下所示：

（1）在新场景中创建 Canvas，添加空 Empty GameObject 作为其子对象，并将新的 GameObject 命名为 Toggle Group Parent。

（2）向 Toggle Group Parent GameObject 添加 Toggle Group 组件。

（3）添加 Toggle 控件并作为 Toggle Group Parent GameObject 的子对象。

（4）选取 Toggle 并将 Toggle Group Parent 拖曳至 Toggle 组件的 Group 属性中。

（5）将 Is On 属性设置为 false（非选中状态）。

> Toggle Group脚本并不检测或管理Toggle的初始状态，且仅处理选取逻辑。因此，如果全部Toggle默认时均处于on/checked状态，则场景启动时所有Toggle均为开启状态。当用户取消某项的选中状态后，脚本方可控制选取过程。
>
> 如果需要某项默认时为设定状态，则应确保该项在默认状态下为选中状态。

（6）复制 Toggle GameObject 多次，并将其置于场景中。

当运行场景时，默认状态下，全部 Toggle 均处于非选中状态。当单击某一 Toggle 后，该项将处于选中状态。随后，当用户选择另一个 Toggle 时，由于一次仅可选择单项内容，因而之前处于选中状态的 Toggle 当前处于非选中状态。

用户无须通过此类方式排列 GameObject，此类对象处于场景中的任意位置。用户应确保在场景中包含所需分组的 Toggle，并设置与各个 Toggle 的 Group 属性相同的 Toggle Group GameObject。

3.5.2　动态事件属性

在 Button 控件中，其包含的事件为单项操作行为，即单击按钮并执行相关任务，且不包含源自该行为的附加信息及其解释操作。

然而，Toggle 组件包含了 Boolean 状态，其中包含了潜在的输入应用信息，或者传递至期望执行的某种操作行为中。这一类信息称作动态参数（dynamic parameter）。当试图选取 GameObject 上的某项行为时，这将显示为某个独立的选项，如图 3-32 所示。

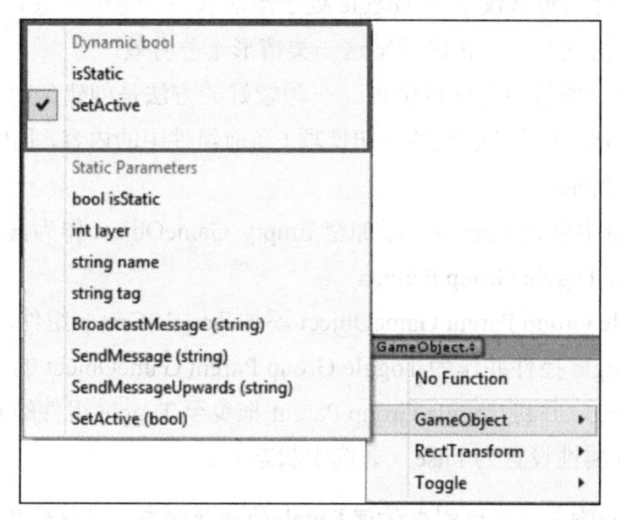

图 3-32

针对控件提供的数值，这一类附加选项均为类型相关，例如源自 Toggle 的 Boolean 值。除此之外，其他控件还可提供浮点值或整型值，同时还包括作为某一参数接收相同数据类型的方法列表。

当选取此类动态选项时，事件行为的Value设置项处于禁用状态，其原因在于，此类值源自控件，而非用户的输入值。

这也意味着，当调用某一函数或设置另一个属性时，将使用当前值、控件状态或者属性。例如，可采用复选框的 Boolean 状态将另一个 GameObject 的可见性设置为开启或关闭状态。

3.6 滑 块 操 作

下面考查更为复杂的控件设置操作，这一类控件表示为基于简单脚本的、前述内容的组合结果（而非原 GUI 系统中过于笨重的控件）。

读者应理解其中的操作模式，即各项内容的可能性及脚本的应用方式。

当向 Scene 中添加 Slider 控件时，将会获得另一个默认的控件组合内容（当然，读者不必局限于此），如图 3-33 所示。

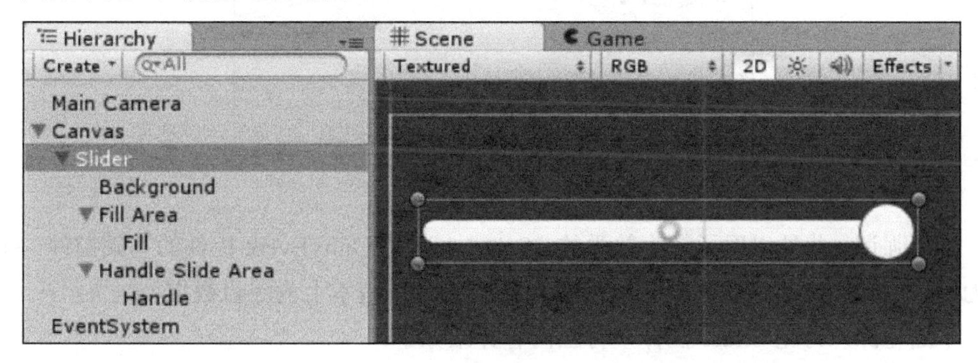

图 3-33

对于滑块，Unity 默认时提供了如下内容：

- 针对滑块提供了分组形式的父 GameObject，并包含了绑定的 Slider 组件。
- 基于全部控件的 Background（不同于 Toggle，Toggle 仅表示复选框区域）。
- 空 GameObject，针对 Slider 栏提供了 Rect Transform 区域，并利用子 Image 填充使用默认的内建精灵对象区域，该区域根据 Slider 的 Value 属性进行填充。
- 空 GameObject 针对滑块处理和子 Image 提供了 Rect Tranform 区域。

当考查 Slider 自身时，两个子元素可视为 Slider 的核心部分。然而，其对应的父元素同样重要，并提供了 Slider 行进的范围，如图 3-34 所示。

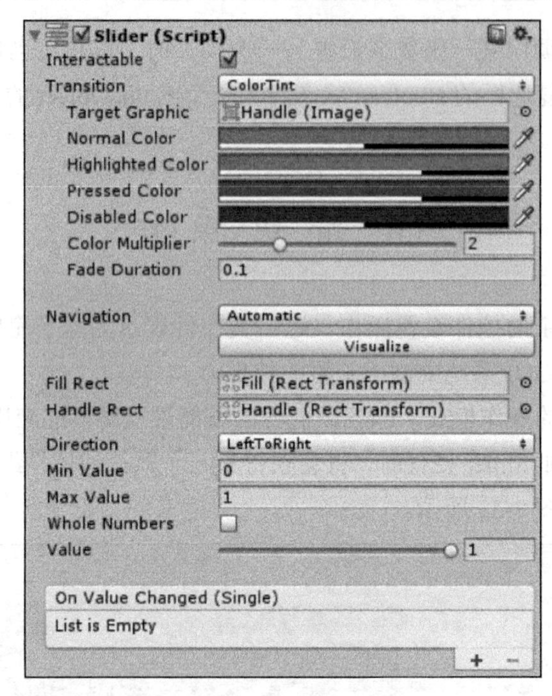

图 3-34

再次强调，此处出现了较为熟悉的、Selectable 和 UnityEvent 控件的基础控件，并表示为 On Value Changed 事件，且包含了单数据类型（基本上为浮点数据）。

下面将深入讨论 Slider 控件，对应内容介绍如下。

- Fill Rect：提供了 Slider 控件的图形范围，并将 Min 和 Max 值转换为 Canvas 上的图形组件。这同样可表示为 Selectable，以使用户可直接跳跃至 Slider 范围中的某一位置处。
- Handle Rect：提供了某种可控方式，以使用户可在 Slider 的范围内对其进行拖曳；除此之外，针对范围计算还向 Fill Rect 提供了输入内容。
- Direction：针对滑块定义默认的行进方向（包括水平或垂直方向，但不包括对角线方向。另外，用户还可对控件进行旋转），例如从左至右或从右至左这一类行进方式。

如果需要将控件从水平方向切换至垂直方向（反之亦然），则需重置该组件的尺寸。需要注意的是，不可在水平至垂直方向间旋转组件，这将打乱控件所用的配置，以至于无法对其进行渲染。

- MinValue 和 Max Value：表示为 Slider 的最小值和最大值。
- Whole Numbers：若 Slider 的基础类型为浮点数，则可实现较好的递增变化。然而，某些时候仅需要使用整数或步进操作。因此，设置该选项将导致 Slider 值跳跃式递增，例如选取表单中的页面或选项卡。
- Value：表示为 Slider 中全部较为重要的默认值，并限定为之前设置的 Min 和 Max 之内。关于 Slider，并无太多内容值得讨论，类似于其他控件/组件，用户不必局限于 Unity 提供的默认布局（甚至图像无须处于可见状态），并可根据自身需求不断进行尝试。

3.7 滚动栏

本节将考查最后一个组件，即 Scrollbar。

这里的问题是，Slider和Scrollbar基本上执行相同的功能，二者间仅存在少许差别。该情形或许是为了实现进一步的模块化操作（当前Scroll Rect组件仅使用Scrollbar而非Slider），或者与原有GUI系统进行关联，甚至是与其他UI框架保持一致。

Scrollbar 与 Slider 的不同之处在于，前者在数值范围内提供了更为自由的移动方式，或者固定大小的步进移动，以使用户可查看与内容相关的固定页数（这一点与 Slider 类似）。除此之外，Scrollbar 默认时仅包含一个 Rect Handle——GameObject Rect Transform，用于设定边界。图 3-35 显示了编辑器中的 Scrollbar。

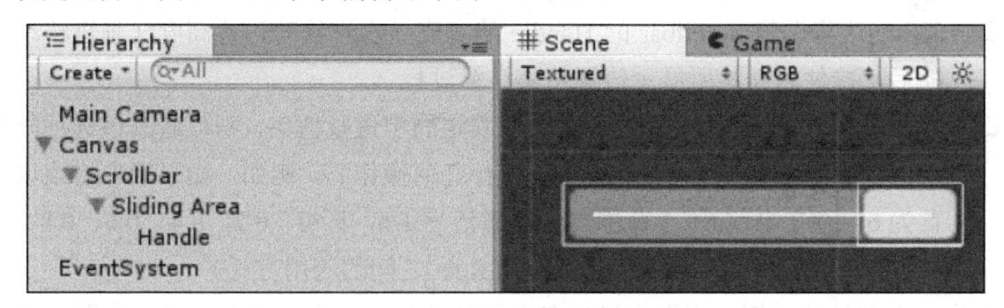

图 3-35

在 Hierarchy 中可以看到，对应内容类似于 Slider，但稍有减少。

同样，Inspector 中的内容也基本类似，如图 3-36 所示。

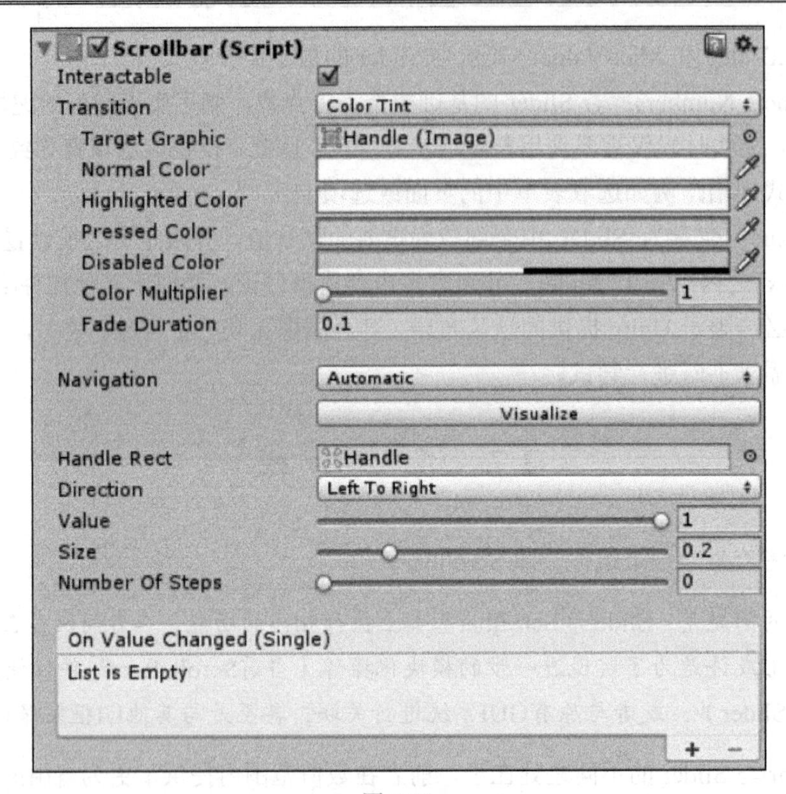

图 3-36

其中，Scrollbar 包含了类似的设置，与 Slider 相比，其主要差别如下。

- Value：该项仅可在 0～1 之间移动，这与 Slider 有所不同。
- Size：这将调整 Scrollbar 的 Handle 的宽度（水平移动）或高度（垂直移动）。随后，控件将针对所显示值调整其计算过程。
- Number of Steps：如果用户希望实现固定的步进数值集，则可通过该选项限制移动值（该值不可小于 2，否则将不执行任何操作）。例如，如果用户将该项值设置为 6，则在当前 0～1 范围内，递增值为 1/6，即 0、0.2、0.4、0.6、0.8、1。随后的示例还将讨论该控件与 Scroll Rect 之间的应用方式。

作为一个有趣的示例，下面将讨论多个组件的整合结果，进而生成一个图像查看器（虽然该示例与游戏无关，但其中的变化值得读者思考），如图 3-37 所示。

图 3-37

该示例位于本书资源中的Code Download文件夹中。

该示例的构建过程并不复杂（类似于新 UI 系统中的大多数基本特性），图 3-38 显示了项目中的层次结构。

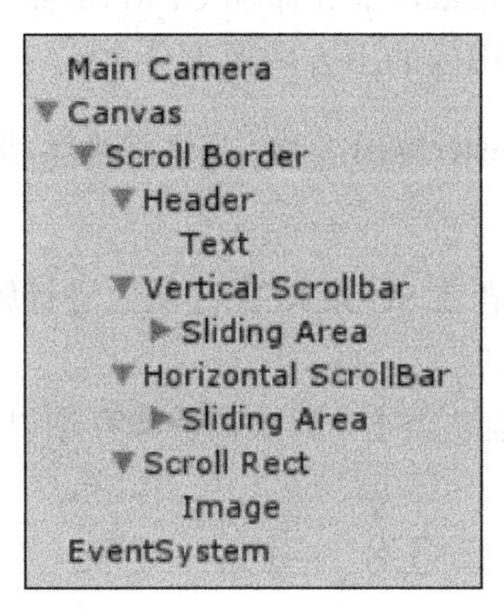

图 3-38

当前示例创建了如下内容：

（1）针对 Scrollable 区域边界的空 GameObject；另外，此处还添加了 Image 控件（使用源自前述 UI Pack 的某一背景），并生成围绕图像区域的边框。相应地，可将 GameObject 命名为 Scroll Border，并于随后将其尺寸设置为 400×200。

（2）针对主 Scroll Border 上方的标题添加 Image 和 Text 子控件（可将 UI GameObject 置于其父对象外部）。

（3）在 Scroll Border 右侧和下方添加两个 Scrollbar 控件，重置其尺寸以实现匹配效果。注意，此处不可对其进行旋转。随后，针对当前滚动栏的垂直和水平方向设置相应的 Scrollbar Direction。例如，此处将垂直滚动栏设置为 BottomToTop，而水平滚动栏则设置为默认的 LeftToRight。

（4）作为子对象向 Scroll Border 添加称为 Scroll Rect 的空 GameObject，并将其重置为 Scroll Border 的内部尺寸（当前边框包含了边框图像，因而稍小于父对象以使边框可见）。至此，Scroll Rect 控件设置完毕，稍后将添加相关内容。

（5）添加 Image 作为 Scroll Rect GameObject 的子对象，并用于具有滚动效果的内容区域，其 Rect 尺寸应稍大于其父对象（例如 1024×448）。此处使用了 Unity 5 Logo 图像（位于本书提供的资源数据中）作为 Image 组件的 Source Image（Unity 的 Logo 图像尺寸为 1024×448，远大于尺寸为 400×200 的 Scroll Rect）。

（6）在 Scroll Rect GameObject 中，添加 Scroll Rect 组件，将其 Content 属性设置为所创建的子 Image GameObject，并将两个 Scrollbar 绑定至 Scroll Rect 的 Scrollbar 属性上（将其从项目层次结构中拖曳至 Scroll Rect 组件的相应属性中）。

（7）最后向 Scroll Rect GameObject 添加 UI Mask 组件和 UI Image 组件，因而只能查看到位于 Scroll Rect 边界范围内的下方图像部分。

考虑到与Graphics Raycaster协同工作，且仅渲染遮挡区域，因而此处还需针对Mask组件添加Image。

由于可利用 Scrollbar，或者在 Scroll Rect 区域内进行触控和拖曳操作操控滚动区域，因而 Scrollbar 可视为一类可选项。

上述模式可用于多种 UI 滚动类型（例如查看库存项以及小型地图），且兼具灵活性。

3.8　导　　航

本节简要介绍控件的导航行为，并通过键盘操作改变可交互控件的焦点状态。

在本书编写时，控件间的切换行为尚未得到支持，Selectable是控件间导航的唯一方式（通过键盘的上、下、左、右箭头），且不存在切换过程中的控制顺序。当然，读者也可编写自己的系统实现这一功能（相关示例参见第6章）。

在前述多幅示例图中，大多数控件包含了内建的 Navigation 行为属性，例如 Visualize 按钮，进而可在编辑器中查看导航操作，如图 3-39 所示。

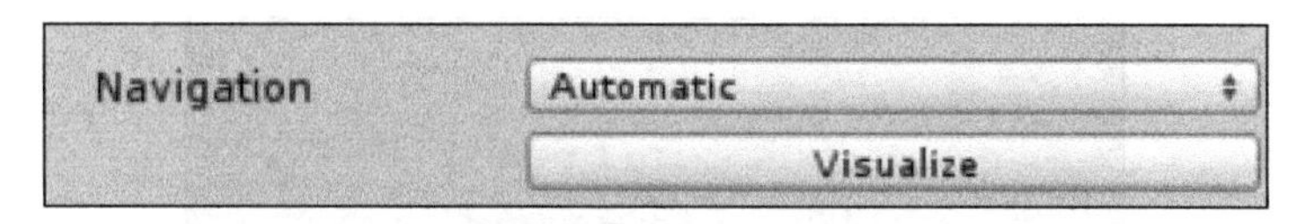

图 3-39

需要注意的是，Navigation特性仅限于实现了Selectable组件的UI控件，例如按钮、滑块、单选按钮等，或者用户自建的控件。

默认（自动）状态下，Unity 在用户导航方向上通过最近邻近控件实现控件间的导航操作（上/下/左/右）；如果在垂直或水平方向上对齐控件，对应导航模式如图 3-40 所示。

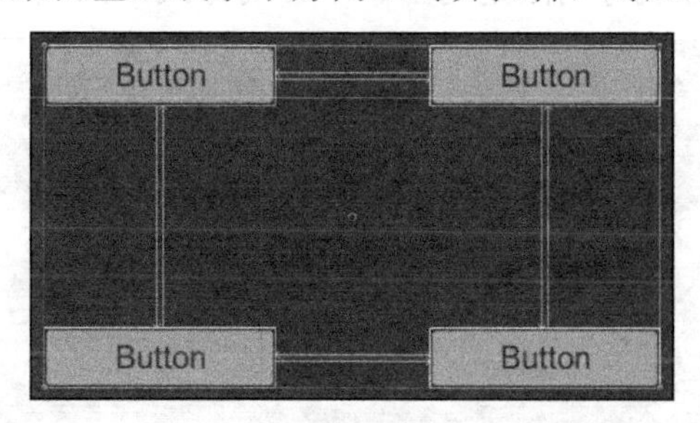

图 3-40

在移至下一个控件的过程中，如果以十字交叉模式重新排列控件，则最近邻近模式将体现得更加明显，如图 3-41 所示。

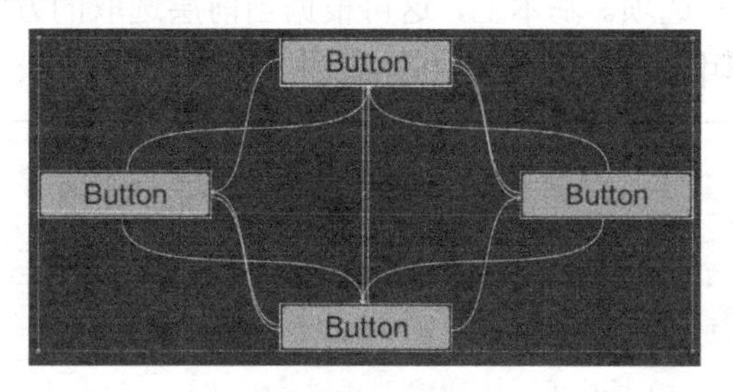

图 3-41

在图 3-41 中，Unity 单方面保证了各个控件间的导航流程。如果用户需要使用更多的控件，还可通过 Navigation 实现更多的选项，如下所示。

- Automatic：前述内容已对此有所讨论。
- Horizontal：这将导航方向限定为左、右方向，如图 3-42 所示。

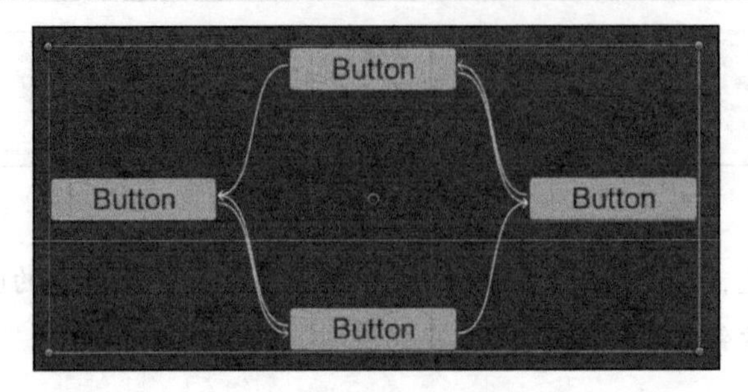

图 3-42

- ❑ Vertical：这将导航方向限定为上、下移动方式，如图 3-43 所示。

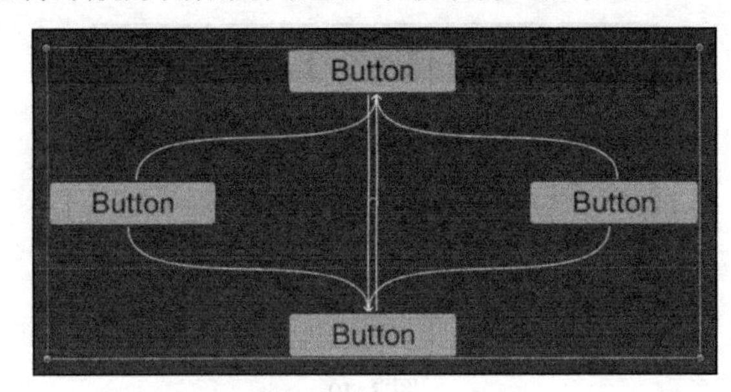

图 3-43

- ❑ Explicit：如果自动选项无法满足要求，或者控件的布局难以令人满意，对此，可使用 Explicit 选项。基本上，这可根据当前层选取的方向选择所导向的特定控件。在查看器中，其配置方式十分简单，如图 3-44 所示。

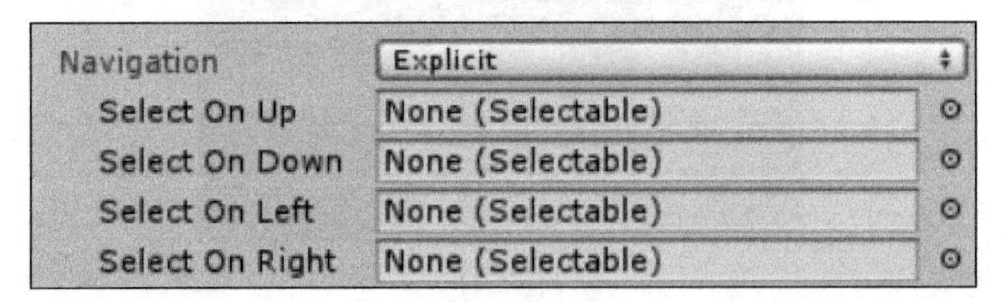

图 3-44

- ❑ 在 Selectable UI 控件处指向所希望的各个方向。当然，用户也可对此进行有选择的操作，且无须对相关方向进行配置。
- ❑ None：该选项不会执行任何操作，用户获得图像后，导航行为将被禁用。

3.9 着色器简介

需要注意的是，UI 组件包含 Material 属性，据此，用户可直接向其应用着色器，即利用所绑定的着色器添加定制材质，进而可实现各种更加丰富的视觉效果。着色器的详细内容超出了本书的讨论范围，因而此处不予介绍。

3.10 本 章 小 结

本章讨论了某些较为重要的组件，以及基于默认可选的、导航系统的相关应用。

根据最新 UI 系统及其组件的灵活性，用户可方便地对其进行扩展，甚至编写自己的控件。

鉴于新 UI 系统的开源特性，用户还可访问其内部的源代码，进而方便实现系统的扩展性。

本章主要涉及以下内容：

- 展示了更多的与框架相关的内容。
- 控件的操控和布局。
- 读者如何编写自己的控件。
- 导航系统。

第 4 章将在此基础上深入讨论布局特性以及锚定系统。除此之外，还将考查不同的 Canvas 模式，以及基于最新 UI 系统的各种可能的操作，包括直接将动态 UI 置于 3D 场景中。

第4章　锚 定 系 统

第4章和第5章将深入考查UI内容，在屏幕上设置多个控件并对其进行排列。这里的问题是，当屏幕的尺寸重新设置，透视角度发生变化后，UI又当如何变化？

在游戏开发中，通常会考查游戏场景，并对其进行缩放或尺寸重置以适配于当前设备，但这并不适用于UI。其中，文本将变得无法阅读，按钮可能会过小或过大，甚至不可用。这里并不存在单一尺寸以适应于全部控件。

在最新的Unity UI系统中，可构建动态和响应式设计，且无须考虑设备的显示分辨率——这也是本章所讨论的内容。随后，该思想可通过缩放组件予以补充，并直接反映于Canvas上。

本章主要涉及以下内容：

- 定位机制。
- 锚点。
- 利用Canvas Scaler缩放UI。
- 构建响应式状态栏。
- 示例问题的处理方案。

4.1　设 置 锚 点

由于篇幅有限，本章仅对较为重要的问题加以讨论。

本章主要考查Unity中与Anchor设置相关的内容，并于随后探讨其实际意义。

回忆一下，第2章曾引入了最新的Rect Transform组件，并以此替换基于UI元素的传统的转换组件，如图4-1所示。

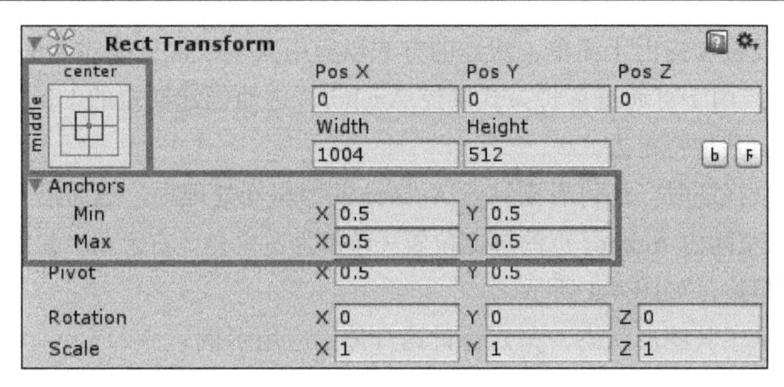

图 4-1

图 4-1 中所强调的内容表示为最新的 Anchor 属性，其中使用了 Rect Transform，并将其绑定至父 Rect Transform 的特定区域。此处，绑定至父 Rect Transform 的原因在于：Anchor 可相对于任意父 UI GameObject 进行设置，而非仅是 Canvas。

单击左上方图形还将显示 Anchor Presets（或者 Unity 所用的 Common Configurations），如图 4-2 所示。

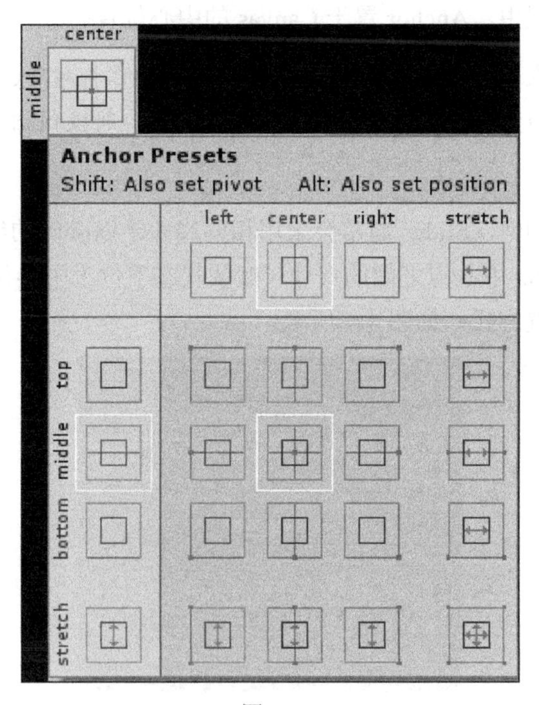

图 4-2

其中，预设置项提供了简单、快速的方式以应用大多数常见模式，进而绑定 Canvas 中的 UI。然而，由于可通过多种方式操控 Anchor，进而创建期望的 UI 布局效果，因而用户不必拘泥于某种特定方式。

当查看场景视图时，还可看到针对 Anchor 的编辑器处理项，进而描述了在 Canvas 空间内 Anchor 点的绑定位置（通常为左上角、右上角、左下角以及右下角），如图 4-3 所示。

图 4-3

当前仅展示了其图形状态，稍后将讨论具体的应用示例。

4.2　设置和调整

首先可将 UI 固定至特定点，并以此理解 Anchor 的工作方式。

（1）创建新的场景并通过 Menu | GameObject | UI | Slider 向其添加 Slider 控件。

- 这将在 Canvas 和 EventSystem 基础上在场景中创建 Slider 控件。
- 在其默认设置中，Anchor 置于 Canvas 的中心位置。

考虑到Canvas表示为Slider的父控件，因而当前操作相对于Canvas进行。如果Slider作为另一个Rect Transform GameObject的子控件，则操作相对于对应父对象进行，而非Canvas。

- 无论分辨率如何，Slider 通常会采用相同尺寸予以准确的绘制，即 Anchor 点与 UI GameObject 中心点之间的尺寸（默认状态下位于中心位置），且无须考虑屏幕尺寸的重置方式，如图 4-4 所示。

图 4-4

（2）单击 Anchor Presets 图标，并选取 top 和 left 预置项，如图 4-5 所示。

对于 Slider 控件而言，这将把 Anchor 重新定位至 Canvas 的左上角。

当选取Anchor Preset时，若按下Alt键将把Slider控件重定位至Canvas的左上角。

上述操作究竟意义何在？难道不可将 Slider 的 Rect Transform 直接移至左上角？

如果将 Anchor 留于屏幕的中心位置，并将 Slider 移至左上角，则屏幕尺寸变小时，滑块将与中心位置间保持相同的距离，这将导致 Slider 在屏幕范围之外进行绘制，如图 4-6 所示。

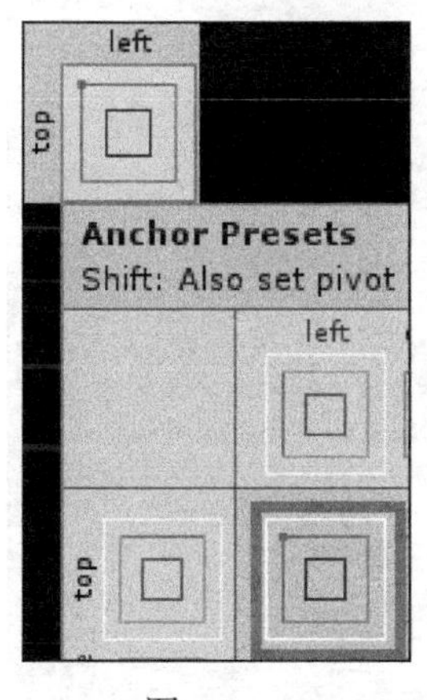

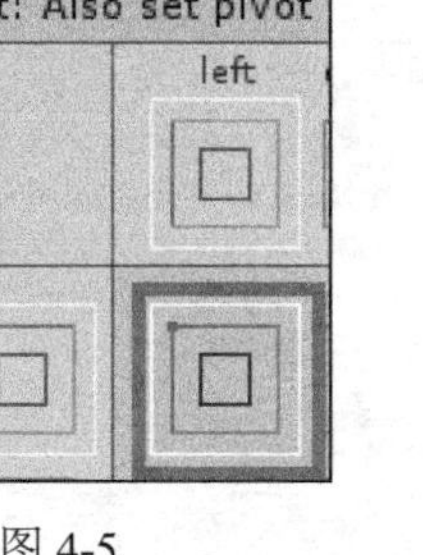

图 4-5 图 4-6

需要注意的是，Anchor相对于其中心点持有UI位置，而非边或角点。

若将 Anchor 移至屏幕的左上角，当重新设置屏幕尺寸时，Slider 将保持其原有设定位置，如图 4-7 所示。

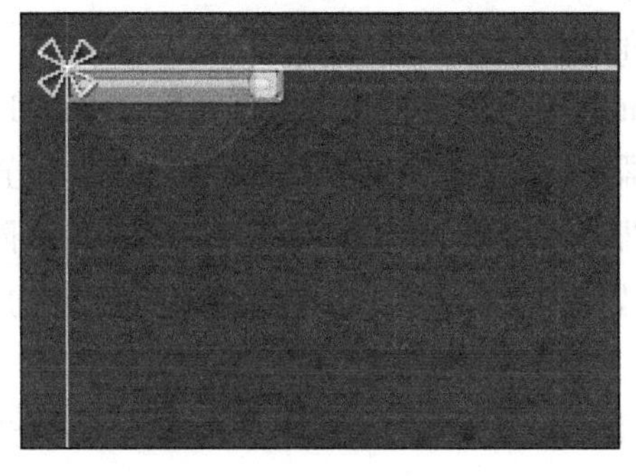

图 4-7

 当选取某一预置项并同时按下Alt键时，可将GameObject移至Anchor位置处，而非Anchor。

这适用于 UI 组件父容器中的任意位置，将 UI GameObject 的 Pivot 点设置于相对于其 Anchor 的设定距离处。

当创建屏幕时，上述操作十分有用。也就是说，可实现任意定位，并确保其中的全部元素可实现绝对定位，如图 4-8 所示。

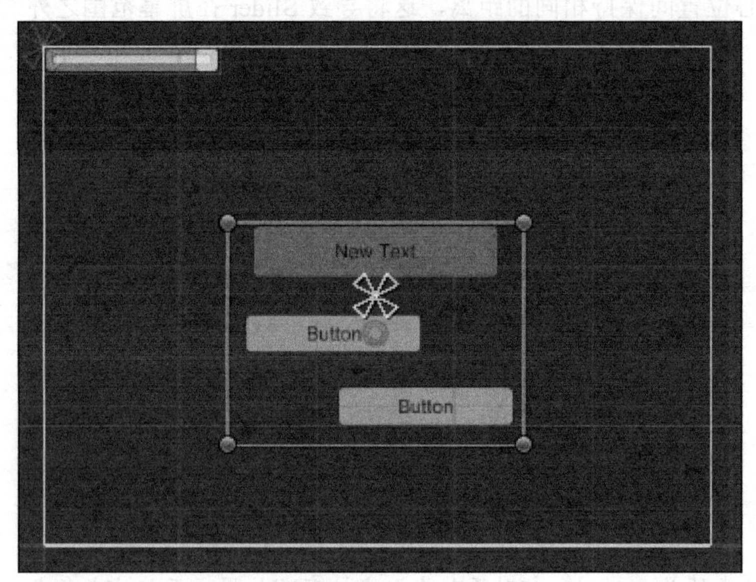

图 4-8

当前，下列内容已实现完毕：

- 空的 GameObject 容器并包含基于 Canvas 中心位置的 Anchor。
- 添加至容器上方的 Panel，并固定于中上方角点处。
- Text 控件作为 Panel 的子控件被加入，并固定于 Panel 的中心位置处。
- Button 固定于容器的左上方角点处，并在某一偏移位置处定位。
- Button 固定于容器的右下方角点处，并在右下方角点附近处予以定位。

至此，无论屏幕尺寸如何变化，容器内全部元素的位置均保持不变。此时，容器整体类似于一幅图像。

需要注意的是，如果重新设置容器的尺寸，则可观察到仅采用固定 Anchor 点的局限性，如图 4-9 所示。

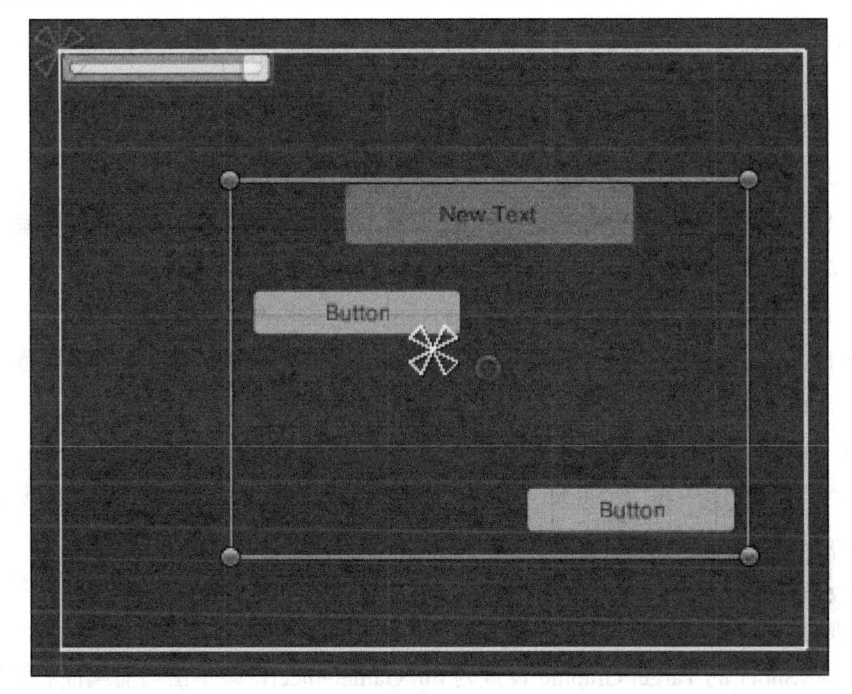

图 4-9

当容器尺寸增加时，按钮将位于固定点处（朝向各自的角点），Panel 的尺寸不变且固定于上方。

对于锚点固定系统，是否可重新设置容器的尺寸，且不会丢失原有的位置结果呢？

4.3 拉伸和变形

前述内容讨论了 UI 的定位方式，下面将对动态尺寸变化加以考查。

在大多数 UI 设计中，仅在特定位置处绘制对象尚且不够，有时需要填充屏幕的特定部分，例如宽度的 50%。此时，如果屏幕尺寸缩至元素宽度以下，则固定位置方案难以满足要求。

作为示例，下面根据前述内容尝试创建一个状态栏，相关图形需求条件如下所示：

- ❑ 状态栏位于屏幕上方中心位置处。
- ❑ 屏幕上方和状态栏之间包含 20 个像素间隙。

- ❑ 在全部设备上，状态栏约占据屏幕宽度的 50%（期望目标为 Android 平台，但其中涉及了太多需要处理的分辨率）。
- ❑ 状态栏的高度应为 25 个像素。
- ❑ 状态栏应从左侧进行填充，且从左至右的范围值表示为 0～100。

除了上述简单的操作需求条件之外，如何在 UI 中对其加以实现，且无须编写复杂的脚本内容？当采用锚点时，这一类操作均十分简单。

首先可向新场景中添加 Slider，在示例代码中，可将其称作 Resizing UI。

在添加了 Slider 后，随后可对其各项属性进行配置，最终生成状态栏观感（此处采用了 UX 技术，且缺少色彩方面的协调）。相关步骤如下所示：

（1）向场景中添加新 Slider。

（2）在层次结构中扩展 Slider 并删除 Handle Slide Area（同时也将删除其子 Handle GameObject）。

（3）选取 Slider 并单击 Handle Rect 属性。如果缺失 Rect Transform，则单击 delete 项（清除属性）。

（4）将 Slider 的 Target Graphic 设置为 Fill GameObject，即单击当前属性右侧的 Object Selector 按钮，或者将层次结构中的 Fill GameObject 拖曳至当前属性中（当鼠标指针悬停于控件上时，该控件呈高亮显示。该操作为可选项）。

（5）将滑块的 Width 属性设置为 200。

（6）将滑块的 Height 属性设置为 25。

（7）选取层次结构中的 Background GameObject，并将图像的 Color 属性设置为 Black（滑块的背景色）。

（8）重置 Background GameObject 的 Rect Transform 尺寸，并填充 Slider GameObject 区域（可选项）。

（9）再次选取滑块，并将 Max Value 属性设置为 100。

（10）选中 Slider 上的 Whole Numbers 复选框。

（11）选择项目层次结构中的 Fill GameObject，并将图像的 Color 属性设置为 Green（表示为较好的状态）。

（12）重置 FillArea GameObject 的 Rect Transform 尺寸，并填充 Slider GameObject 区域。

经上述操作后，对应结果如图 4-10 所示。

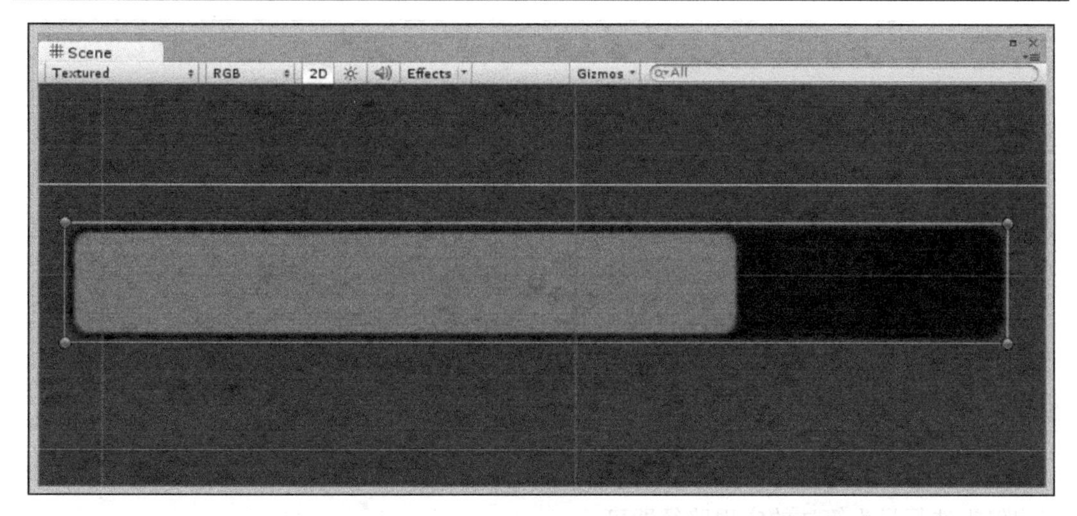

图 4-10

针对其他需求条件，可采用拉伸 Anchor。对此，选取层次结构中的 Slider，并于随后单击 Anchor Presets 按钮。打开后，可选择 top 和 stretch 选项，如图 4-11 所示。

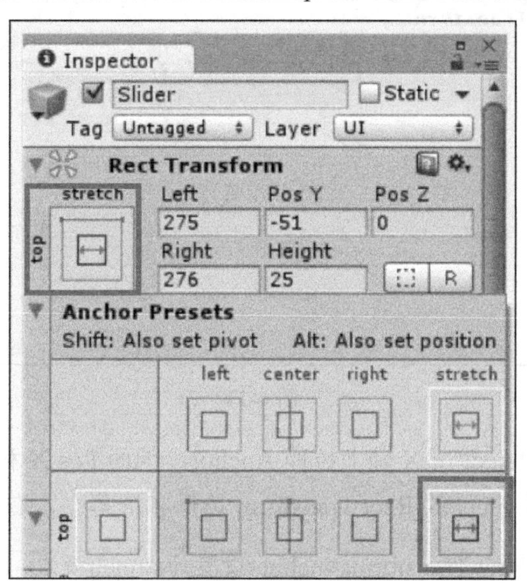

图 4-11

当选取预置项时，此时存在两个选项，用户可单击相关选项并调整 Anchor 的位置；或者按下 Alt 键并移动 GameObject，最终结果如图 4-12 所示。

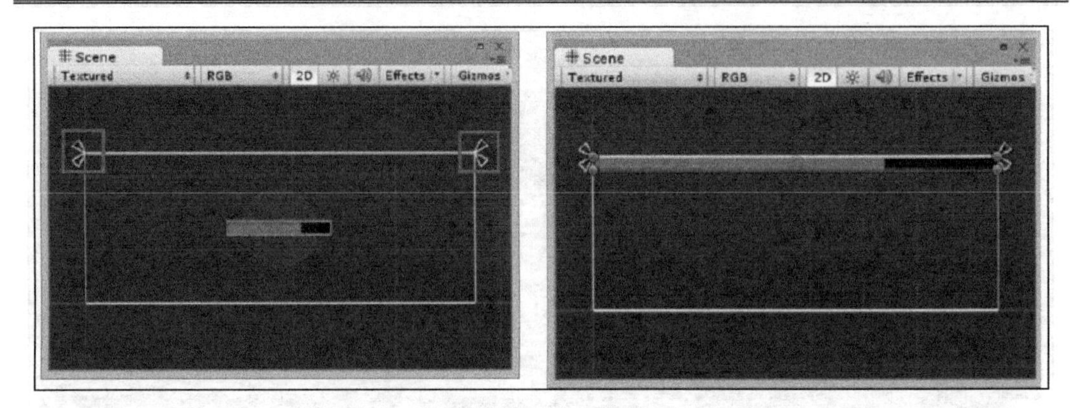

图 4-12

不难发现，在上述两种情况下，仍然需要执行某些额外工作以定位状态栏。对此，用户仅需选择最为简洁的实现路径即可。

下面完成基于 Slider 的 Rect Transform 设置，进而对其进行定位。读者可能注意到，Rect Transform 的位置值当前已被更新，如图 4-13 所示。

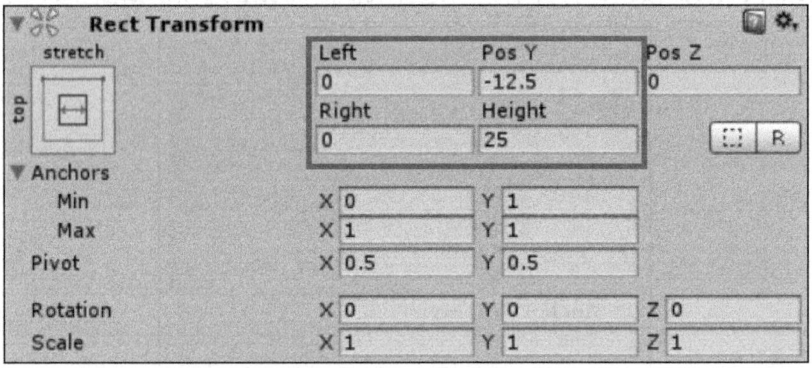

图 4-13

由于 Slider GameObject 在 X 轴上拉伸 Anchor，因而 Pos X 和 Width 被 Left 和 Right 替换。这体现了 GameObject 的 Rect Transform 边框和屏幕左、右区域间的填充量。

如果在Y轴上将Rect Transform Anchors设置为stretch模式，则Pos Y和Height设置将被上方和下方设置所替换。如果将其设置为区域的全拉伸模式，则全部4项设置均会被更新。

如果利用如图 4-14 所示内容更新 Slider 的 Rect Transorm 值，即可实现当前设计目标。

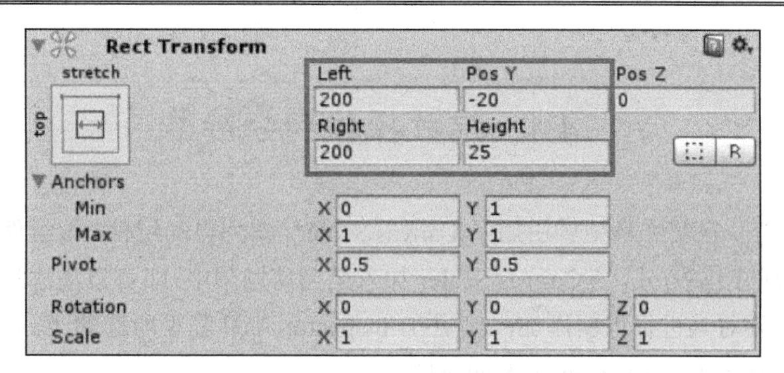

图 4-14

另外，对于Slider，可针对Background和FillArea GameObject拉伸Anchor，以使其可填充全部Slider。

设计人员可在屏幕上方和状态栏之间设置 20 个像素的距离，当前，据上方的实际值约为 9 个像素。

其中的原因十分简单，回忆一下，Anchor 相对于 Rect Transform 的 Pivot 点进行定位，而当前 Pivot 仍设置为默认状态，即 Slider 的中心位置。

当对此进行修正时，可在滑块的 Rect Transform 的 Pos Y 值中添加滑块 GameObject 的 1/2 高度（由于从屏幕上方计算，因而该值为负值），将 Pivot 点编辑至 Slider 的上方位置处。也就是说，将 Pivot Y 值设置为 1，或者使用 Pivot 模式中的 Rect Tool，并将 Pivot 点（蓝色圆圈）拖曳至 Rect Transform 的上方位置处（这也是当前示例中的操作模式）。

当Pivot点编辑完毕后，应确保检测Pos Y是否正确，且Rect Transform未被其移动；否则，需要再次将其更新至-20。

至此，大部分需求均已得到满足。实际上，尚有一事未被提及：相关内容可能会运行于 4 英寸的 Android 设备上。这意味着，前述设置无法实现有效的整体缩放行为，以使状态栏整体难以实现相应的绘制效果，其原因在于：左、右两侧的填充值设置为 200。当屏幕缩小时，所留空间不足以绘制滑块。

需要注意的是，除了Anchor Preset之外，还可通过手动方式调整Anchor——将Anchor的各个角点拖曳至期望位置。多数情况下，预置项已可满足需求。

4.4　缩放操作和分辨率

回忆一下，在第 2 章中曾引用了 Canvas Scaler。作为自动组件，该组件可告知 Canvas 其在屏幕上的绘制方式。当 Canvas Scaler 加入至当前场景中，即可自动添加至新的 Canvas 中。如果需要对其进行重新添加，仅需在 Inspector 中并基于所选的 Canvas 简单地单击 Add Component | Layout | Canvas Scaler 即可。

4.4.1　与默认的常量值协同工作

针对上层 Canvas，Canvas Scaler 组件的默认设置定义为 Constant Pixel Size 模式，如图 4-15 所示。

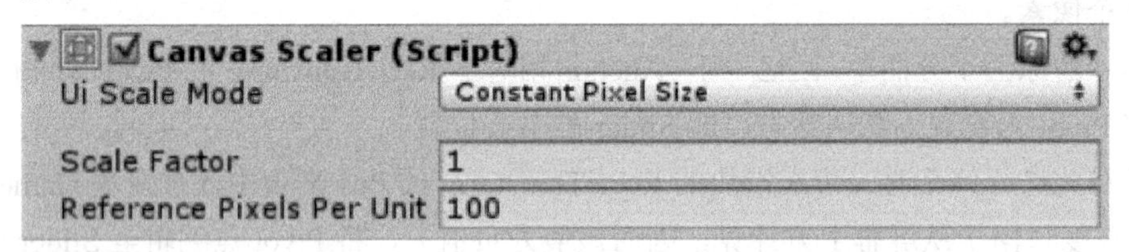

图 4-15

对于 Canvas 而言，这仅可设置默认精灵对象的 Scale Factor 和 Reference Pixels Per 值（如果 Pixels Per Unit 设置用于精灵对象中，则仅针对完美像素绘制）——该行为类似于在陆地上启动船只，一切均徒劳。

精灵对象上的Pixels Per Unit设置项负责定义游戏中精灵对象所用的单位（相对于其他精灵对象的大小程度）。随后，该设置项将被Reference Pixels Per Unit值所用，进而确定1个游戏单位中像素的数量。在当前示例中，1个宽度和高度游戏单位表示为100个像素。

对此，读者可访问http://docs.unity3d.com/Manual/class-TextureImporter.html以获取更多信息。

对于状态栏以及其他游戏元素，情况又当如何？如果重置屏幕尺寸，对应结果将一目了然。

针对采用了 Constant Pixel Size 模式的各种分辨率，当比较 Canvas 的观感时，对应结果如图 4-16～图 4-18 所示。

图 4-16

图 4-17

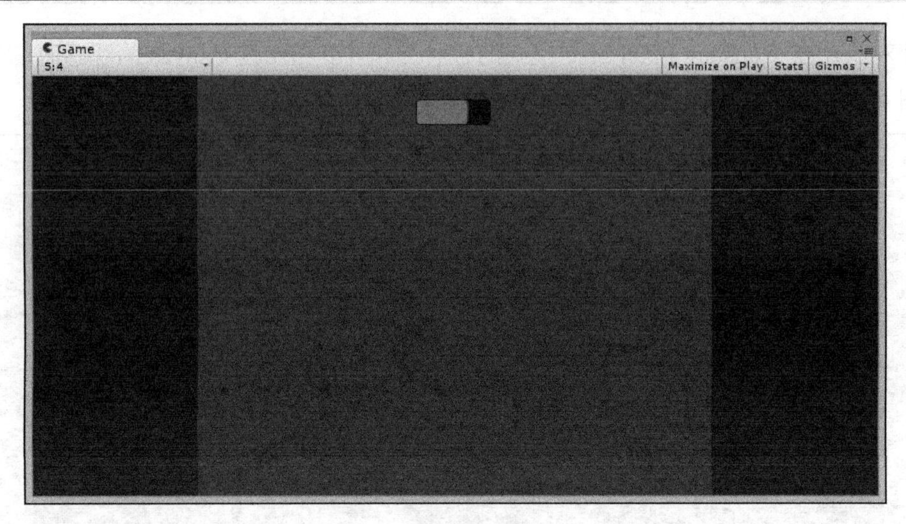

图 4-18

通过观察可知，当采用 Constant Pixel Size 模式时，所输入的各项值与显示分辨率无关。因此，考虑到 Slider 的 Anchor，其宽度值动态更新。然而，围绕 Slider 的填充量则保持不变。

考虑到这并非是期望结果，下面考查当重置屏幕尺寸时，如何实现较好的 UI 行为。该操作不仅可与较小的屏幕协同工作，当游戏显示于 50 英寸的大型屏幕上时，还将支持桌面级和游戏机设备。

4.4.2　缩放视图

针对 Canvas Scaler 的下一个选项则是使用 Reference Resolution。该选项表明，无论屏幕尺寸如何变化，所显示的 UI 在屏幕上保持相同的分辨率。

在该模式下，通过自定义的分辨率尺寸，Canvas 整体将与屏幕适配。下面考查 Scale With Screen Size 模式下的 Canvas Scaler，如图 4-19 所示。

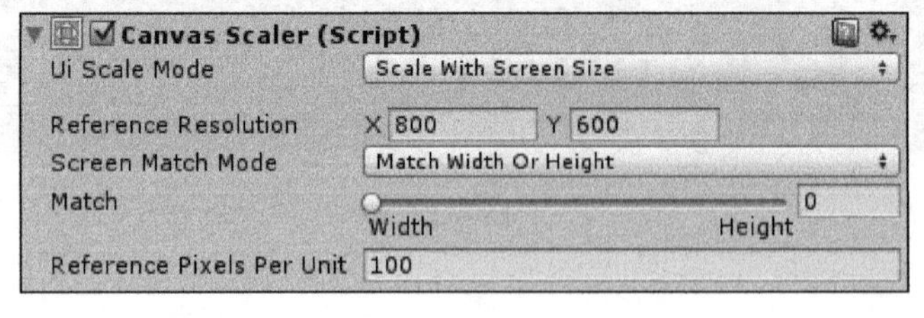

图 4-19

通过将 Reference Resolution 设置为 Width（X）和 Height（Y），即可控制 Canvas 的绘制方式。当采用 Screen Match Mode 时，还可进一步控制缩放行为的轴向。当采用 Match 滑块时，可使用 Width、Height 或某一中间因子即可。除此之外，还可将其设置为 Expand 或者 Shrink，相关内容在第 2 章中均有所讨论。

因此，当使用 Scale With Screen Size 模式时，应确保 UI 中的初始设置保持不变（采用了 Mtach 宽度/高度设置，其中 Match 值为 0.5）。

当采用 Scale With Screen Size Canvas Scaler 并再次进行比较时，对应结果如图 4-20～图 4-22 所示（采用了 Mtach 宽度/高度设置，其中 Match 值为 0.5）。

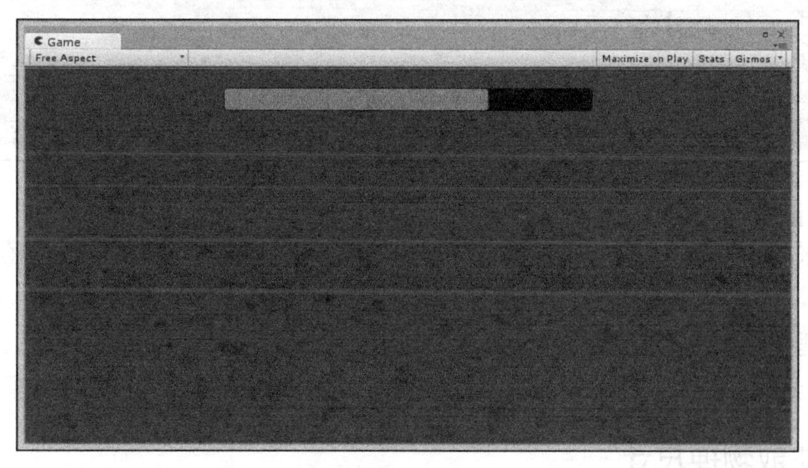

图 4-20

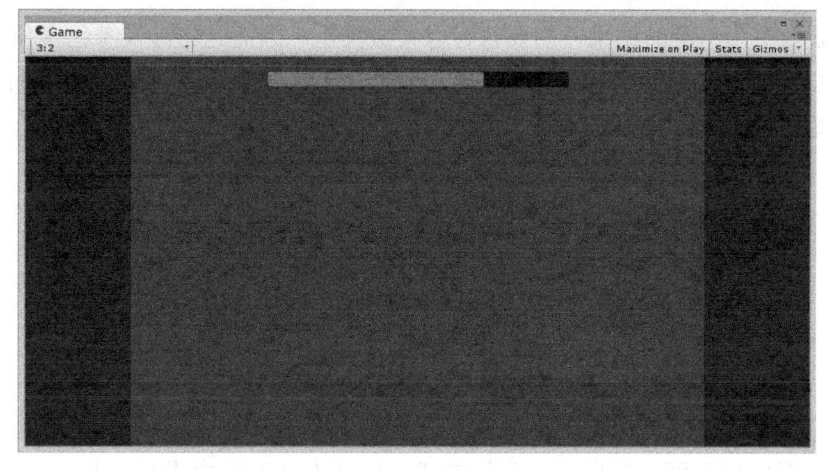

图 4-21

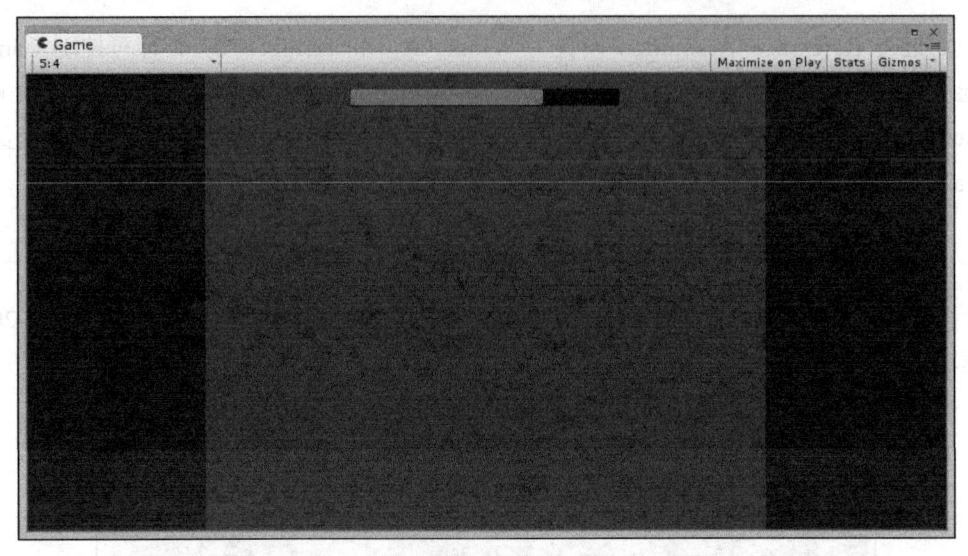

图 4-22

与未采用手动缩放相比，这将生成较好的结果。通过观察可知，图中仍存在相应的缩放余地：状态栏收缩后可匹配于期望区域；而在某些场合下，这并非是期望中的效果。对此，可适当增加 Reference Resolution，但这会在较小的屏幕上使其变得更小，而在较大的屏幕上则会呈现卷曲状态。这可视为一种平衡方案，但需要考查其他选项。

4.4.3　获取物理尺寸

为了获取更为精准的结果，需要执行像素级操作，因而这将涉及着色器和网格。

若将 Canvas Scaler 模式设置为 Constant Physical Size，则用户可对操作目标实现全权操控，如图 4-23 所示。

Canvas Scaler (Script)

Ui Scale Mode	Constant Physical Size
Physical Unit	Points
Fallback Screen DPI	96
Default Sprite DPI	96
Reference Pixels Per Unit	100

图 4-23

此时，用户甚至可设置自己的测算方式，包括点（独立像素）以及 Centimeters 和

Millimeters 中的真实场景的测算方案。随后，用户可通过 DPI 方式设置默认的屏幕尺寸（或者每英寸的测算方式），进而定义全屏模式下的宽高比。

首先，将 Canvas Scaler 调整为 Constant Physical Size 会生成某些意外的结果，如图 4-24～图 4-26 所示（这只是问题的冰山一角）。

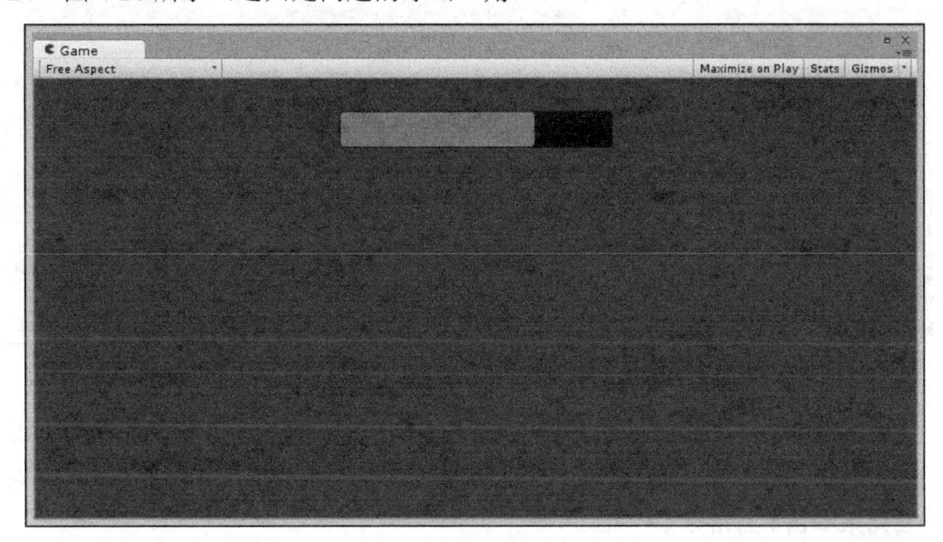

图 4-24

图 4-25

图 4-26

需要注意的是，在图4-26中，滑块将完全消失，其原因在于：考虑到应用于滑块上的Rect Transform的填充值和位置值，Slider包含负宽度值。当查看场景视图时，对应结果如图4-27所示。

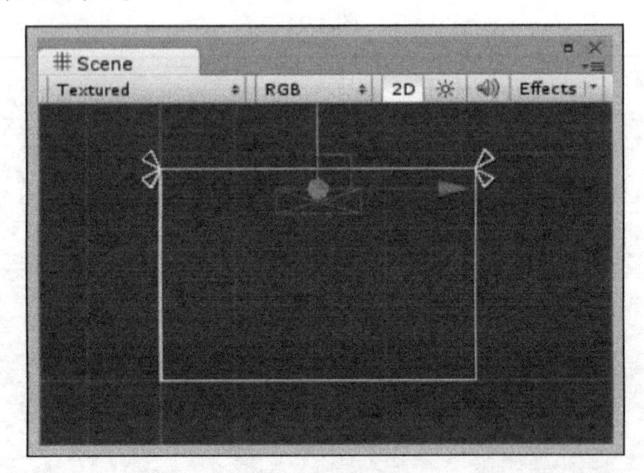

图 4-27

不难发现，当前Slider采用交叉线这一错误方式进行渲染，其左、右两侧边彼此折叠（类似于折纸）。由于UI无法进行后向渲染，因而此处无法实现正确的渲染结果。

其中的原因并不复杂，针对位置和填充值的测算方式均不正确。相应地，缩放行为并未切实实现，或者并未实现使用 Canvas Scaler 时所选的测算方式。

> 若创建新的Canvas后，并从开始时即选用了具有物理尺寸的Canvas Scaler，则不会出现上述问题。也就是说，从初始阶段即采用了正确的测算方式。
> 当切换至不同的Ui Scale Mode时，用户需要再次设置元素的尺寸。

如果简单地将 Rect Transform 的 Left 和 Right 值返回并更新至 100（而非之前的 200），则 Slider 将再次实现正确的单位。当缩放时，将生成如图 4-28～图 4-30 所示的结果。

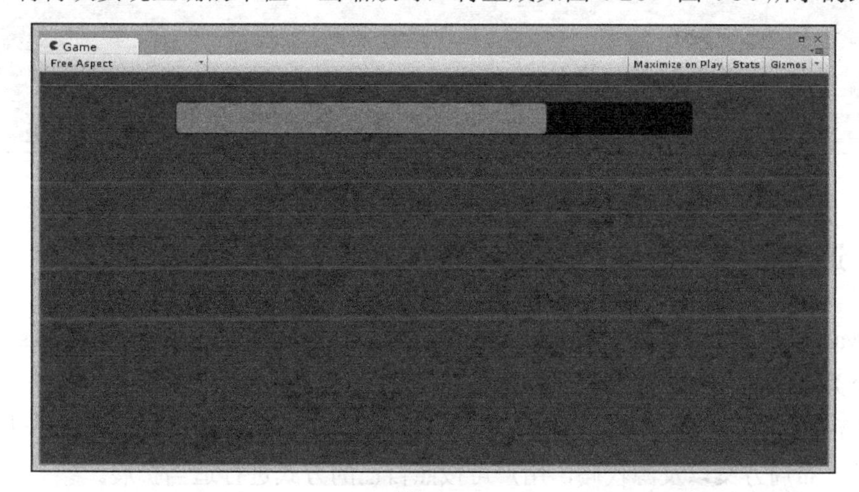

图 4-28

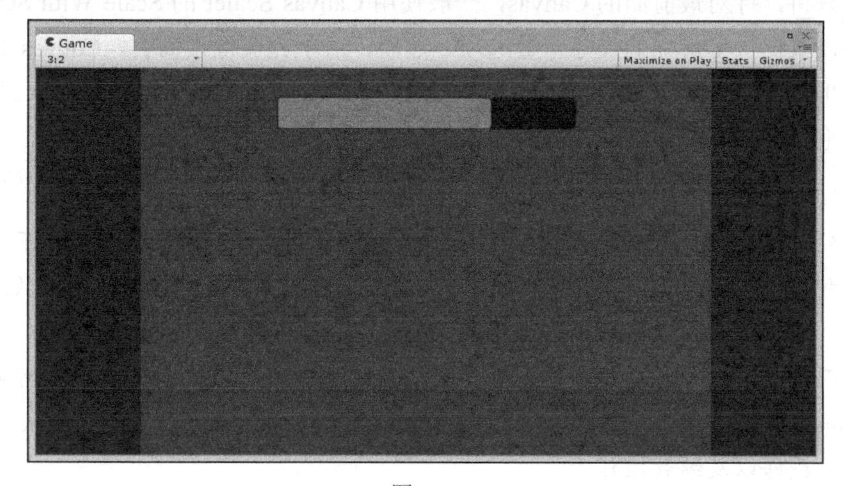

图 4-29

图 4-30

4.4.4　选取最终方案

Canvas Scaler 的各种模式均包含各自的优缺点，针对场景中的多个 Canvas，用户可使用多个类型的 Ui Scale Mode。

跨平台的 UI 规划方案依然相对困难，与原有的 GUI 系统相比，至少 Unity 提供了较好的工具、布局方案以及源代码，用户可按照自己的方式进行适当扩展。

通常来讲，针对最前面的 Canvas，一般使用 Canvas Scaler 的 Scale With Screen Size 模式，该模式提供了最优的尺寸重置选项。然而，对于完美像素而言，Canvas Scaler 的 Constant Physical Size 模式更加适宜，通常会用作最前方 Canvas 的子 Canvas（回忆一下，Canvas 可包含任意深度）。

当然，用户可弃用除 Canvas Scaler 之外的全部内容，并针对各平台构建不同的 UI。

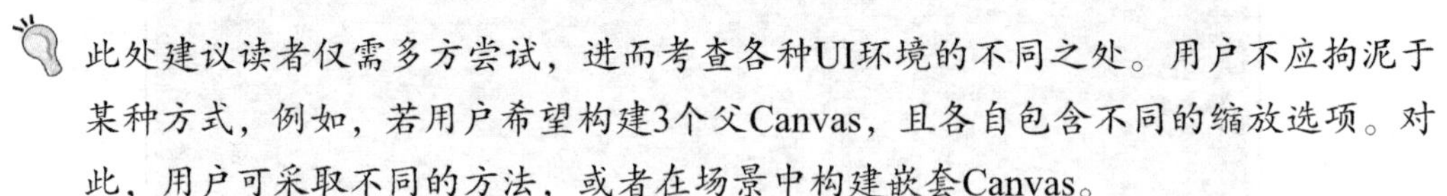

此处建议读者仅需多方尝试，进而考查各种UI环境的不同之处。用户不应拘泥于某种方式，例如，若用户希望构建3个父Canvas，且各自包含不同的缩放选项。对此，用户可采取不同的方法，或者在场景中构建嵌套Canvas。

然而，如果用户希望添加Canvas Scaler或使用不同的Raycast系统，则可创建新的Canvas；否则，可采用空GameObject及其Rect Transform，以实现UI面板/窗口的定位、旋转以及缩放操作。

4.5 本章小结

不同格式的UI以及跨平台工作方案通常较为困难，读者可咨询响应式网站开发人员，以了解此方面的信息。

不同游戏风格的 UI 设计颇具技巧性，Unity 提供的最新 Anchor 系统可帮助用户实现高效的 UI 规划和布局。随着显示内容的不断细化，例如，移动设备上不断增长的房地产业（另外，苹果公司也推出了不同尺寸的移动设备），基于各类设备的跨平台 UI 设计变得越发重要，而非针对各种分辨率制定各自的 UI 方案。

布局系统的不断进化，并逐步替代原有的 GUI 系统。

限于本书篇幅，本章并未涉及全部内容，但至少向读者提供了一种尝试机会。

本章主要讨论了以下内容：

- 基于 Anchor 系统的 UI 定位。
- 采用多种分辨率与 UI 协同工作。
- 处理 UI 缩放问题。
- 与 Canvas Scaler 协同工作。

第 5 章将对相关内容加以深入讨论。截止到目前，前述内容考查了单一 Canvas，及其全屏绘制方案，但 Canvas 组件的功能远不止于此。因此，让我们持续保持热度，并探讨与 UI 相关的、更为有趣的内容。

除此之外，第 5 章还将加入 3D 场景，并将 UI 置于其中。

第 5 章　屏幕空间、世界空间和相机

前述内容讨论了平面型 UI 及其绘制、缩放以及输入操作。其中，最新的 UI 系统和布局控件可简化事物的处理过程（定位和锚定机制可节省大量的时间）。当然，UI 特性远不止于此。

在当前 UI 设计中，控件和绘制操作需要与 3D 环境中的透视效果协同工作。其中，游戏内容或者标题在游戏世界中具有一定的深度，以使玩家获得某种沉浸感，包括电视屏幕、操作菜单，以及与游戏角色绑定的第三视角 UX（例如游戏 Dead Space，对应网址为 http://bit.ly/DeadSpaceUIExamples）。

本章将对此类特性加以讨论，并尝试将 UI 置于 3D 场景中。

本章主要涉及以下内容：

- 最新的 Canvas 模式概述。
- 理解相机的作用。
- 相关 UI 示例。

5.1　Canvas 和相机

前述章节仅讨论了基本的 Screen Space – Overlay Canvas，并实现了相应的控件和布局系统，进而构建自己的 UI/UX。

对于理解新 UI 系统及其 Canvas 绘制，该过程十分重要，但问题远不止于此。当绘制完成后（利用最新的 Unity UI 系统描述 Canvas），用户还可实现某些增强效果。例如，可通过相机透视绘制全屏 UI；或者利用上述绘制结果并将其“悬挂于”游戏场景中。

类似于之前所讨论的内容，此类新系统中依然包含了大量的提示和技巧。

5.1.1　屏幕空间和世界空间

第 2 章曾对 Screen Space – Camera 以及 World Space Canvas 讨论了其中的相关选项，如图 5-1 所示。

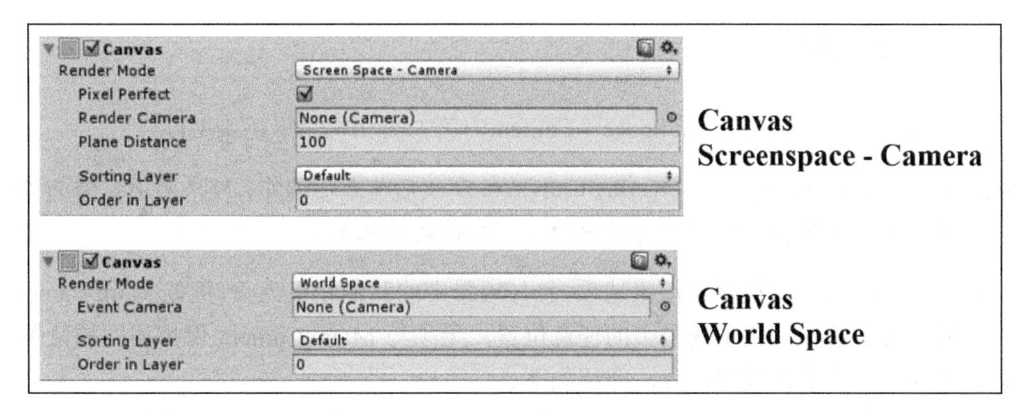

图 5-1

对应功能项远远超出了基本的平面屏幕 Canvas 绘制所提供的内容，其中包括：

- Screen Space – Camera，采用了平面绘制的 Canvas，并利用了某些相机效果，例如透视、视域、深度排序以及剔除机制。随后，可针对 Canvas 将其应用于渲染循环中。这将生成 3D 风格的 Canvas UI，而非平面系统。

用户也可通过采用了透视视角生成的资源数据实现相同效果，但该过程较为耗时，且难以获得正确的结果。对此，一种更为简单的方式是使用逼真的平面图像，并在渲染过程中使用透视效果（当然，针对“最佳”效果，目前尚存争论）。

- World Space，其他类型的视图则是使用 Canvas，并将其嵌入于 3D 场景中（这也是一种令人更加期待的方式），其中包括电视屏幕、计算机控制台、交互式会话元素，甚至是与玩家绑定的清单型 UI。这一类效果在原有的遗留 GUI 系统中并非不可实现，但管理过程较为复杂，且难以获得正确的透视效果。除此之外，当使用文本内容时，缩放操作同样难以实现。相比较而言，这一切在 World Space Canvas 中则易于实现。

然而，Canvas 是图像的唯一组成部分，为了使此类元素在 3D 方式下工作，需要与场景中的相机协同工作，而非绘制于屏幕上的 2D 表面，这一点与 Screen Space – Overlay Canvas 类似。

当使用 Canvas 时，相机对象分为两类，如下所示：

- 渲染相机
- 事件相机

5.1.2　渲染相机

在 Canvas 中，例如 Screen Space – Camera，第二类相机用于渲染 UI。

实际上，Screen Space – Overlay Canvas在后台完成上述工作，用户无须控制相机设置内容，并可视为绘制于场景中的另一个精灵对象层。

对于 UI 而言，相机提供了渲染选项，且与场景中的其他相机无关，例如 Main Camera。因此，此类相机可置于场景中的任意位置，无须与 Main Camera 保持相同的位置和方向，并包含了自身的设置内容，介绍如下。

- Clear flags：用于选择所清除的部分渲染路径（每帧中）——默认状态下，该项设置为 Don't clear，以使 UI 可绘制于场景上。
- Culling Mask：用于选择相机视图中所绘制的元素——默认条件下，该项仅设置为 UI（建议保持默认状态）。
- Projection：用于设置透视（3D）或正交视图（2D），默认状态下设定为透视视图；而正交视图则与 Screen Space – Overlay Canvas 相同。
- Perspective Field of View（FOV）：用于控制相机视图中的透视可视角度，基本上可视为视图的变形程度。

用户可对此类设置进行多方尝试，尤其是Screen Space – Overlay Canvas，以实现不同的UI透视深度绘制效果，进而生成旋转角以使元素呈现为狭长状态；或者使得元素间彼此交叠（利用不同的Z转换深度），最终在屏幕上执行绘制操作。

- Viewport Rect：用于控制相机的视口尺寸。实际上，该过程十分有趣，并可调整 UI 的呈现方式，以使用户对当前设置进行适当调整，需要注意的是，当构建 UI 时，该项设置后不应再次对其进行修改。
- Target Texture：用于将当前相机渲染至 RenderTexture 中，但 World Space Canvas 应用起来更为简单。该选项唯一的优点是可在场景上绘制相同的 UI。

仅Unity Pro（经授权后）支持RenderTexture特性。

- 其他渲染设置项（Depth、Path、Occlusion Culling 以及 HDR）也可仅设置，但不会对 UI 系统提供真实值，较好的方法是使用 Canvas UI 特性。

基本上讲，可使用 Screen Space – Camera Canvas 以增强平面 UI 效果；或者将其与

Animation 系统结合使用，进而向 UI 中加入交互式 3D 视图。

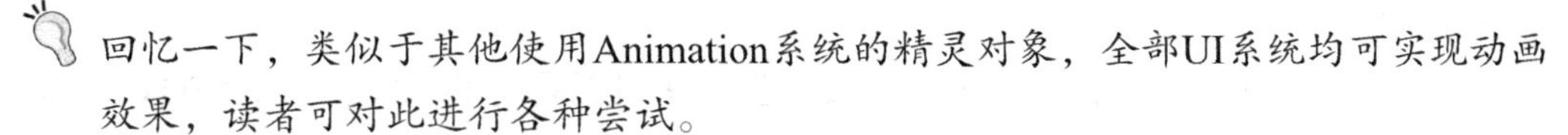

回忆一下，类似于其他使用Animation系统的精灵对象，全部UI系统均可实现动画效果，读者可对此进行各种尝试。

5.1.3　事件相机

事件相机（Event Camera）解释起来较为简单，针对 World Space，UI 系统将使用到此类相机。在将用户输入信息光线投射至场景中时，可确定 EventSystem 所使用的相机。

如果 Event Camera为null，默认状态下将使用Main Camera。

第 2 章曾谈到，通过投射源自相机的光线，可确定鼠标位置、用户单击位置，以及屏幕的触摸位置。随后，光线将在相机所朝向的方向穿越场景，期间可能会与某个 UI 元素发生碰撞。接下来，对应信息将传回至 UI EventSystem 以供后续处理。

在大多数场合下，用户仅需使用到默认的Main Camera即可。如果用户在不同的相机上进行渲染，则需要将其设置为Event Camera；否则输入信息将无法正常工作。

5.2　透　　视

Screen Space – Camera Canvas 可进一步丰富 UI 的视觉内容（虽然平面型 UI 的用途十分广泛），并使其显示效果更具吸引力。

在讨论 3D 示例场景之前，下面首先讨论某些相对简单的示例。

用户可在3D 模式下创建一个新项目。尽管这并非必需，但却可简化后续各项操作。

作为一个示例，此处可与 Render Camera 的 Field of View 协同工作，进而在屏幕中绘制 UI，相关步骤如下所示：

（1）创建 Canvas，并将 Render Mode 设置为 Screen Space – Camera。

（2）添加新的相机对象（其中，Layer = UI，Clear Flags = Don't Clear，Field of View = 1），并将其命名为 UICamera。

（3）将 Canvas Render Camera 设置为新创建的 UICamera。

（4）添加包含 Button 的 Image（Button 为 Image 的子对象）。

（5）将各元素转换的 Pos Z 设置为接近于当前相机（Image 为 0，Button 为-10，Text 为-20）。

（6）选取 UICamera 并切换至 Game 视图，调整 Field Of View 将在屏幕上绘制 UI 的各层内容。

当运行当前示例，并针对 Main Camera 尝试使用不同的 Field of View（FOV）时，对应结果如图 5-2 所示。

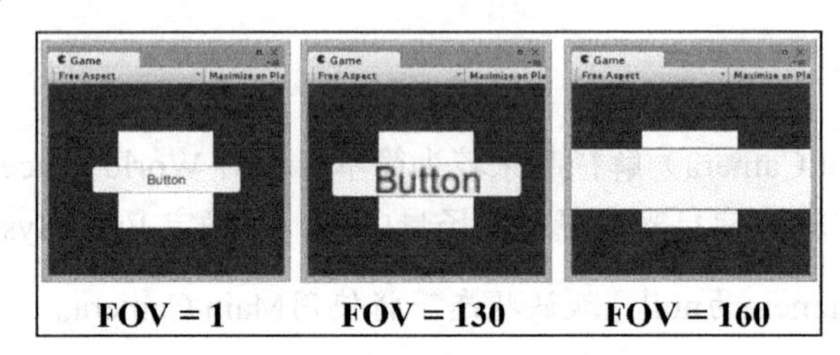

图 5-2

当FOV为160时，Button上的Text将完全消失，这是由于传递了Camera的Near Plane，因而Text未被绘制。

实际效果难以在纸页中进行描述。根据 Z 深度顺序，该效果使得各元素以不同速率显示于屏幕上，直至最终消失。当逆向使用时，这将生成某种动画效果，以使各个组件在屏幕上“跌落”。

另一个使用 Render Camera 的 Field of View 的示例则是通过旋转效果向 UI 生成透视深度，对应步骤如下所示：

（1）针对上述示例中的全部元素，重置 Pos Z 值。

（2）将 Image 的 Rotation Y 值设置为 10。

（3）选取 UICamera 并再次切换至 Game 视图。

改变 Field Of View 可使图像一侧靠近屏幕边缘，如图 5-3 所示。

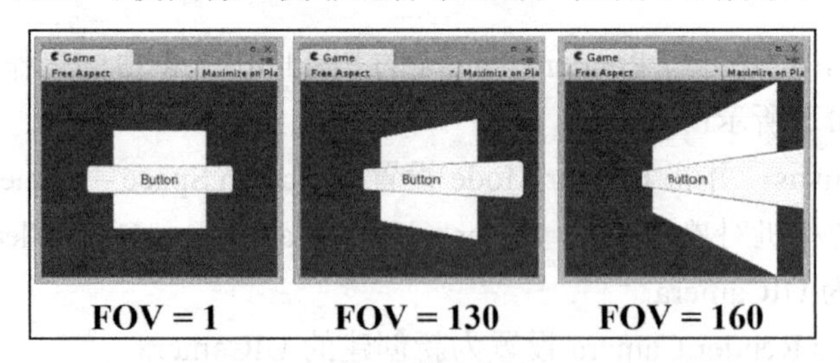

图 5-3

通过观察可知，对应效果易于识别。改变 FOV 将减少角度值，并调整所绘制的透视深度。

此处应注意Screen Space – Camera Canvas上的Plane Distance值。针对Render Camera，该值应位于Near和Far Clipping Planes内。类似于其他3D对象，距离相机过近或过远均无法实现有效的绘制操作。

当绘制Canvas上的UI时，对于UI于3D场景中的深度设置，该选项同样十分重要，读者不妨对此进行尝试。

5.3　构 建 游 戏

前述示例生成了基于 Screen Space – Camera 的基本观感，本节将进一步丰富其中的内容，并构建如图 5-4 所示的效果。

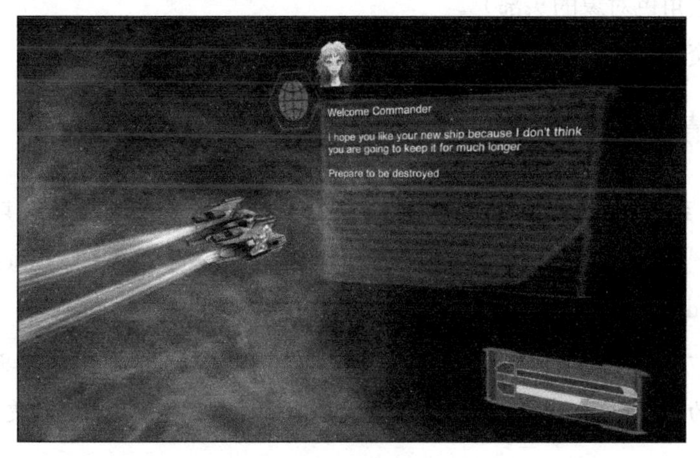

图 5-4

需要说明的是，3D 场景的构造超出了本书的讨论范围。关于 3D 背景和模型的构造方法，读者可参考本书附录以了解相关内容（但并非必需）。

针对示例场景的相关教程，读者还可访问作者的个人博客，对应网址为 http://bit.ly/UnityUIEssentials3DDemoScene。

另外，读者通过数据资源包导入示例场景，对应的下载地址为 http://bit.ly/UIEssentialsCh5DemoScene。

随后，可通过Unity编辑菜单中的Assets | Import Package | Import Package命令将其导入。

如果读者未使用当前示例场景，且仅创建了新场景，并通过 Unity 菜单中的 GameObject | 3D Object | Cube 命令将 3D 立方体对象添加至当前场景中，则在 3D UI 与飞船对象的绑定过程中，将 Canvas 绑定至立方体对象上即可。

5.3.1　前提条件

本章示例还将使用到源自网络的免费资源数据，在构建场景之前，此类数据应设置完毕，其中包括：

- 免费的 Doomstalker GUI，对应网址为 http://bit.ly/DoomStalkerUI。
- NobleAvatar V02.zip 文件，对应网址为 http://bit.ly/NobleAvatars（通过预置内容可生成角色对象的头部）。

此类数据资源可极大地提升 UI 的观感。

5.3.2　2D 精灵对象

最新的 UI 系统主要使用了新型的 2D 精灵对象系统，因而需要通过某些资源数据构建 UI。对此，在之前下载的 Doomstalker UI 包中，可导入 Textures 文件夹中的 HUD_BaseA.psd，并将其置于当前项目中。

回忆一下，如果项目类型设置为3D，开始时图像将作为Texture被导入（除非将项目设置为2D）。因此，针对各幅图像，首先应确保将Texture Type更新为Sprite（2D和UI）。

当在项目文件夹中选取 HUD_BaseA.psd 后，可将查看器中的 Sprite Mode 设置为 Multiple，并于随后打开 Sprite Editor（单击 Sprite Editor 按钮）。

当查看精灵对象板时，由于大多数艺术素材均呈现为透明状态（这对于太空效果十分有用），因而对于控件制作而言则相对困难。因此，当查看或编辑这一类精灵对象板时，可单击如图 5-5 所示的按钮，并采用 Alpha 视见模式。

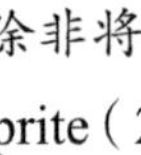

图 5-5

这将把视图从彩色模式转换为原始的 Alpha mask 模式，如图 5-6 所示。

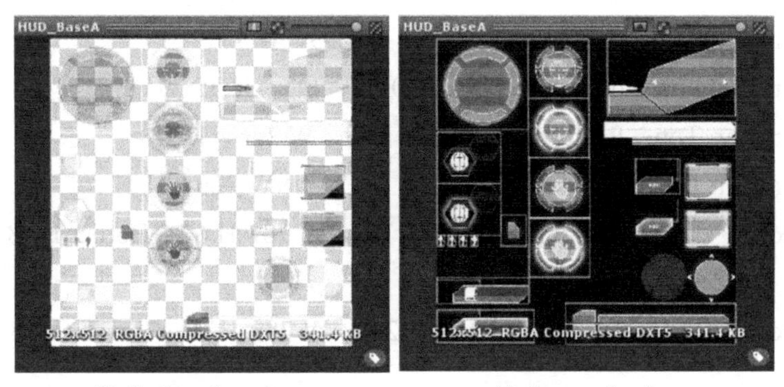

Default color view　　　　**Alpha mask view**

图 5-6

在编辑器中，首先可使用 Automatic Slice 选项（单击 Slice，将 Type 选为 Automatic，并于随后单击 Slice 按钮），随后可修改相应的精灵对象区域，如图 5-7 所示。

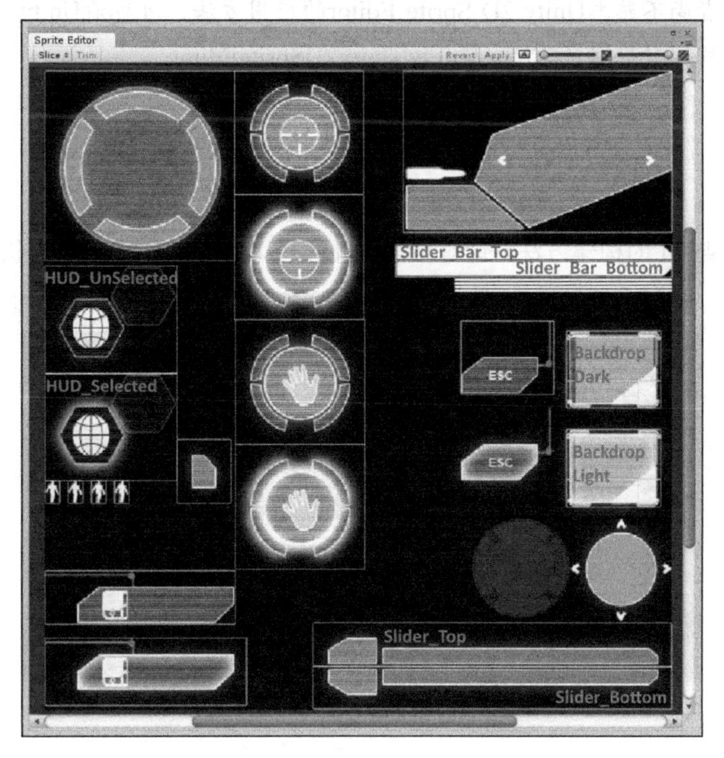

图 5-7

在精灵对象板中，所关注的内容介绍如下。

- Slider_Top：Position X 219，Y 35，W 293，H 35。
- Slider_Bottom：Position X 219，Y 0，W 293，H 35。
- Slider_Bar_Top：Position X 286，Y 360，W 226，H 13。
- Slider_Bar_Bottom：Position X 286，Y 347，W 226，H 13。
- Backdrop_Light：Position X 425，Y 163，W 78，H 62 – Border L 18，B 22，R 19，T 7。
- Backdrop_Dark：Position X 425，Y 242，W 78，H 62 – Border L 18，B 22，R 19，T 7。
- HUD_Selected：Position X 0，Y 184，W 108，H 85。
- HUD_UnSelected：Position X 0，Y 271，W 108，H 85。

当上述精灵对象分解、设置完毕后，可继续构建当前的 Screen Space – Camera UI。

如果读者尚不熟悉Unity 2D Sprite Editor的应用方法，可观看Unity Learn中提供的视频教程，对应网址为http://bit.ly/Unity2DSpriteEditor。

5.4 屏幕空间相机的状态栏

本节将考查 UI 的构建方法。针对当前飞船角色，可设计一个简单的状态栏，以显示防护和强度值，如图 5-8 所示。

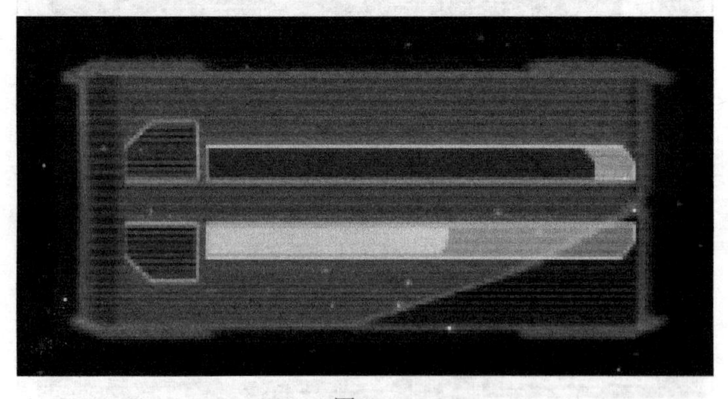

图 5-8

当与相关资源数据结合使用时，下面具体讨论某些视觉效果的创建过程。

5.4.1　Canvas 中的内容

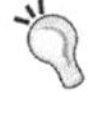

当构建UI元素，并实现UI Canvas上的定位操作时，建议切换至2D模式下（在场景视图上使用2D按钮），这可简化UI的设计过程。

当UI构建工作完毕后，则可转回至3D模式（再次单击2D按钮），并继续执行3D场景的创建过程。

当然，如果用户正在创建2D游戏，则需要一直在2D模式下进行工作。

首先，可通过项目 Hierarchy 中的 Create | UI | Canvas，或者菜单中的 GameObject | UI | Canvas 向当前场景中加入 Canvas，并于随后将其重命名为 ScreenSpaceCameraCanvas。

考虑到相关选项的具体位置，以后将统一使用项目的Hierarchy项。

当使用场景中的 Canvas 时，可将其 Canvas Render 模式更新至 ScreenSpace – Camera，对应结果如图 5-9 所示。

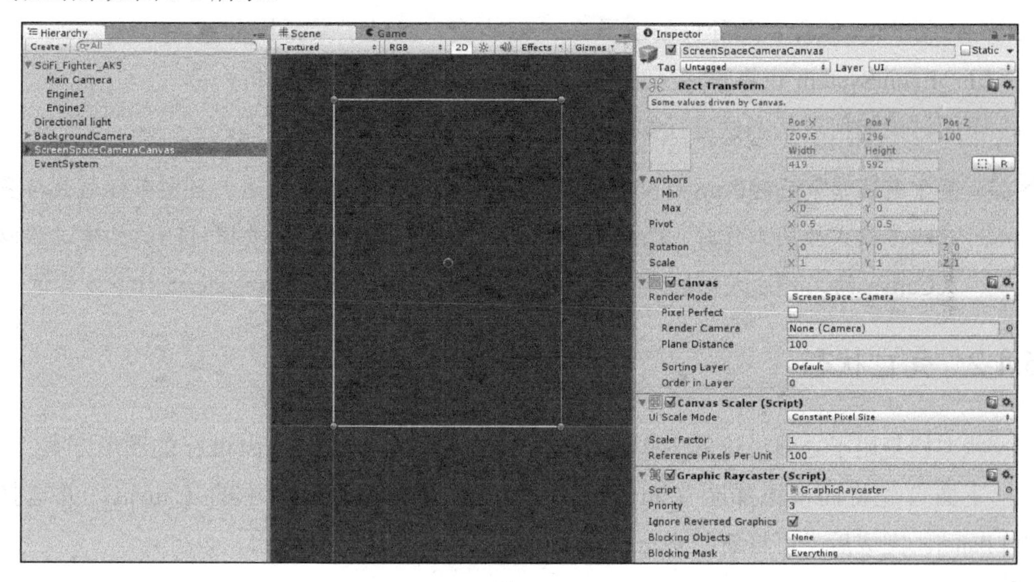

图 5-9

这里应注意以下几点内容：

- 在场景中，Canvas 的左下角始于项目层次结构中的最上方元素位置，在当前示例中为飞船对象。据观察，Canvas 并未链接至该对象，且仍然为 Screen Space – Camera Canvas，因而其位置并不重要。
- Canvas 的尺寸根据实际的场景屏幕尺寸波动，可重置场景视图尺寸，并查看宽度和高度的更新结果，这对于多分辨率方案十分重要（游戏包含多种不同的分辨率）。
- 默认状态下，新的 Canvas 层自动设置为 UI。必要时，用户可对其进行适当调整。在游戏中，如果用户希望剔除 Canvas 视图中的特定层，则应牢记这一点（该 Canvas 的 Camera 对象仅绘制当前 UI 层，稍后将对此加以讨论）。
- Render Camera 选项将与 Plane Distance 选项结合使用，稍后将对此加以讨论。
- 当前 Canvas 并不包含任何内容，并呈现为空白状态（尚未向其添加任何内容）。在前述章节中，当向场景中加入 UI 元素时，将创建一个 Canvas 并在其上设置新的 UI 组件。此处仅创建了 Canvas 自身，且处于最新状态。
- EventSystem 也将添加至当前场景中，随后将对此予以分析。

下面讨论如何对状态栏进行实际操作。

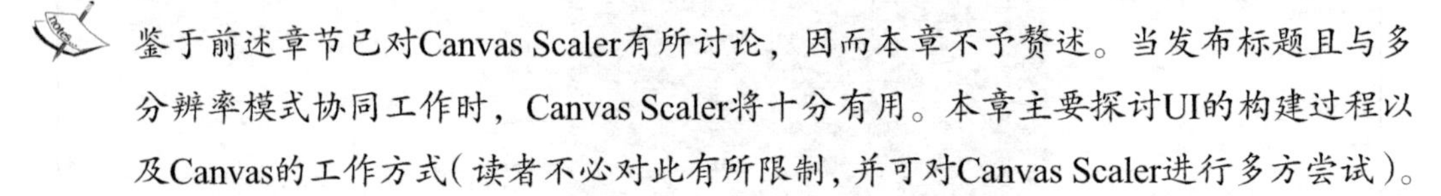
鉴于前述章节已对Canvas Scaler有所讨论，因而本章不予赘述。当发布标题且与多分辨率模式协同工作时，Canvas Scaler将十分有用。本章主要探讨UI的构建过程以及Canvas的工作方式（读者不必对此有所限制，并可对Canvas Scaler进行多方尝试）。

5.4.2　死亡状态

状态栏复用了之前讨论的某些技巧，同时也采用了基于 Doomstalker 的图形方案。

下面首先将面板添加至 Canvas 中，即右击项目层次结构中的 Canvas，并选择 UI | Panel。完成后，可将新的 GameObject 重命名为 HealthUIPanel。

另外，还可采用Image UI组件且基本具有相同的功效，其主要差别在于：Panel设置了全尺寸的Canvas，并包含了默认的背景图像；而Image则尺寸稍小且不具备预置图像信息。二者基本可视为等同，只是具有不同的默认状态。

当前，Scene 视图如图 5-10 所示。

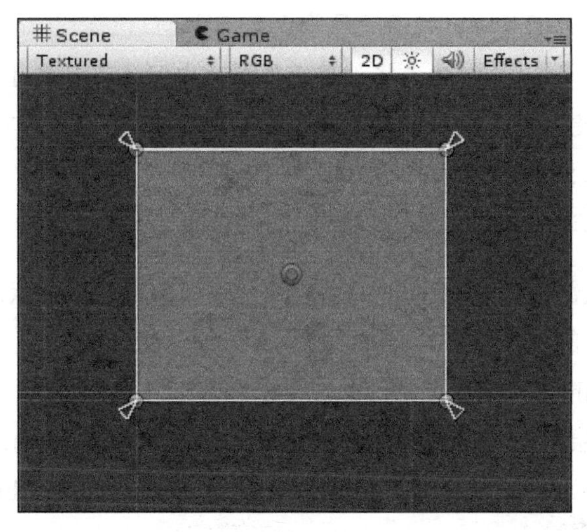

图 5-10

简单地讲，仅需通过 Rect Handle（图中圆点）将 Panel 的尺寸重置为右下方角点处；为了获取较好的测量结果，可从屏幕边缘拉回至右下方角点。此时，可将面板的 Source Image 调整为 Backdrop_Light（该精灵对象之前通过 HUD_BaseA.psd 文件予以创建）。作为自定义 UI，用户可确定其最终位置和尺寸。在当前示例中，最终效果如图 5-11 所示。

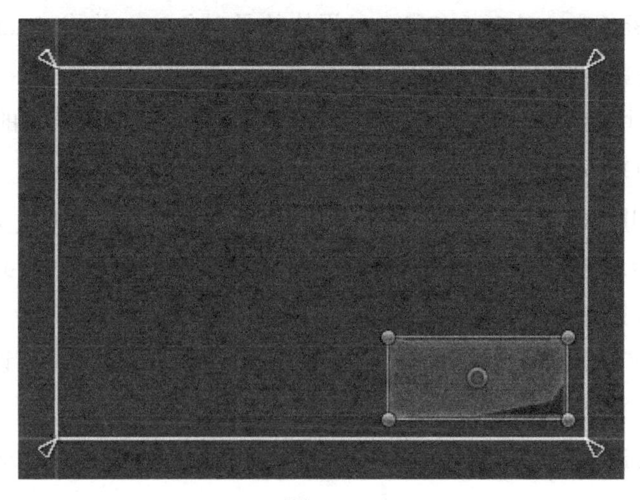

图 5-11

由于开始时采用了Panel UI控件，因而默认状态下锚点拉伸至Canvas的尺寸（其父控件）；当进行调整时，将通过屏幕重置尺寸。

相应地，若使用Image，锚点将设置于屏幕的中间位置且尺寸不会被重置。

除此之外，考虑到此处并未使用Canvas Scaler，因而尺寸重置不会与屏幕保持一致，但间隔值将保持固定不变。

读者应牢记上述几点内容。

对于状态栏，大部分内容源自第 4 章，此处将简单地对上方状态栏加以讨论（该状态栏表示为飞船对象的防护状态），如下所示：

（1）右击 HealthUIPanel 并选择 UI | Slider。

（2）扩展项目层次结构中的新滑块，并删除 Handle Slide Area。

（3）选取 Slider，并将 Target Graphic 设置为滑块的 Fill GameObject（表示为 Fill Area 的子对象）。

（4）单击 Handle Rect 属性，并单击 Delete 项（或者单击属性右侧的圆圈图标并选择 None）。

（5）单击 Slider 的 Anchor Presets，按下 Alt 键并单击 Top Stretch 选项（右侧上方第二项）。

（6）设置 Slider 的左、右两边（约为 10）。

（7）选取 Background GameObject（滑块的子对象），并将 Source Image 设置为 Slider_Top 精灵对象。

（8）重置滑块的尺寸，进而增加其外观尺寸（可重置滑块自身的尺寸，或者调整 Background GameObject 的尺寸）

（9）选择 Fill GameObject，并将 Source Image 设置为 Slider_Bar_Top 精灵对象。

（10）利用所选的 Fill GameObject，调整其 Rect Transform，并与其父对象的尺寸对接（即最大化 Fill 区域的 Rect Transform）。

（11）依然使用所选的 Fill GameObject，单击 Color 属性并将其设置为深蓝色（即 H 244，S 255，V 255，A 255）。

（12）选取 Fill Area GameObject，重置其尺寸，以使其覆盖 Slider Background 图像的状态栏部分。

至此，最终效果如图 5-12 所示。

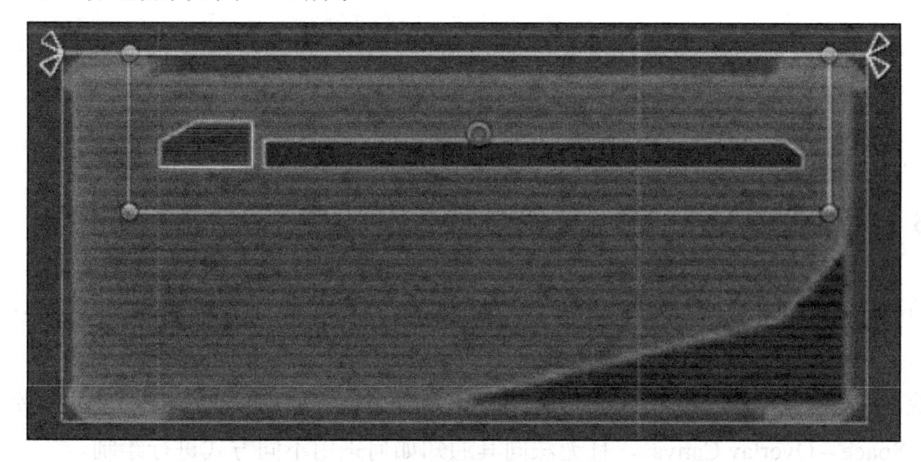

图 5-12

同时，用户还可尝试多种设计方案，并自定操作方案。

随后，可复制上方滑块，将 TOP 精灵对象替换为 BOTTOM 版本，并将其置于 TOP 滑块的下方。同时，还应将 Fill 区域置于新 Slider 区域的上方（是否需要将下方滑块锚定至面板的下方或上方则由用户决定）。另外，针对状态栏，还需要将填充区域的颜色调整为绿色，以生成最终的效果，如图 5-13 所示。

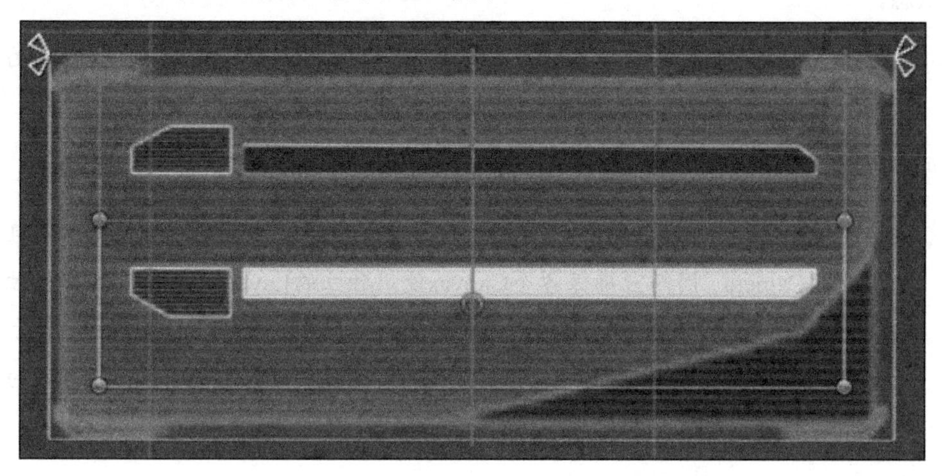

图 5-13

当查看全幅图像以及游戏视图时，对应结果等同于 Screen Space – Overlay Canvas，下面将在此基础上进一步完善当前内容。

Background和Fill Area的Rect Transform均执行了相应的尺寸设置，进而填充了Slider Rect Transform的整体尺寸。稍加调整即可对其进行放大，以使后续处理过程相对简便。

5.4.3　相机设置

当前所制作的滑块依然处于平面状态，对此，需要添加某些透视效果。因此，可创建新的 Camera 对象。

若缺乏独立的相机，则 Screen Space – Camera Canvas 的操作方式依然等同 Screen Space – Overlay Canvas，且无法向其通知如何采用不同方式进行绘制。

相应地，可在场景中创建新的 Camera（Create | Camera），并将其命名为 GUICamera。需要注意的是（特别是考查游戏视图时），当前场景处于消失状态，除此之外，所创建的最新 UI 仍处于可见状态。其原因在于：新创建的 Camera 以及与飞船对象绑定的 Main Camera 处于竞争态，并绘制相同的渲染深度，即 Depth 0，该结果显示于 Camera 属性中。由于新的 GUICamera 位于项目层次结构的下方，因而最后进行绘制并处于竞争优势状态。

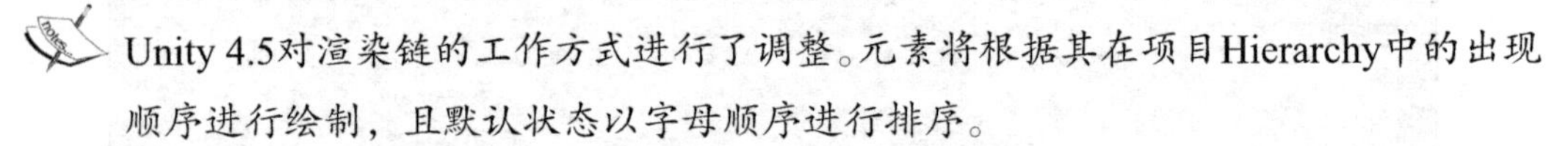

Unity 4.5对渲染链的工作方式进行了调整。元素将根据其在项目Hierarchy中的出现顺序进行绘制，且默认状态以字母顺序进行排序。

当前，Camera 集中于 UI 渲染，因而可调整其选项，并令其仅关注于 UI 元素。

若计划使用多个Screen Space – Camera Canvas（这种情况并非不可实现），且均包含各自的Camera，因而应确保各个Canvas使用独立的Layers（除非对其进行独立绘制）。在创建示例场景过程中，可能会产生某些问题——在场景背景中，World Canvas UI处于运动状态。这是因为，绘制操作在与Main Camera相同的层内进行，这将产生奇怪的结果。

因此，对于 GUICamera，可调整下列选项：

- 将 Layer 属性（渲染层）设置为 UI。

- 将 Clear Flags 属性设置为 Don't Clear（仅添加 UI）。
- 将 Field of View 属性调整为 100（获取少量附加深度）。
- 将 Culling Mask 属性设置为 UI（从下拉菜单中选取 Nothing 并于随后选择 UI）。

利用上述相机对象设置结果，针对 ScreenSpaceCameraCanvas GameObject，可将其添加至 Canvas 的 Render Camera 属性上。

当运行时，屏幕中并未显示任何内容，下面将对此加以解释。

5.4.4　添加深度效果

在 UI 的设置过程中，曾利用某些有趣的设置将 Camera 绑定于其上，但实际效果并未发生明显变化，其原因何在？

答案在于，如果 UI 设置为平面型，则绘制结果同样为平面型，无论采用了何种透视类型，最终结果不会发生变化。

那么，如何改变这一情形呢？如果读者仔细阅读了前面的内容，相信已对答案有所了解，下面将对此展开具体讨论。

之前曾在绘制 UI 时加入了透视效果，这里可简单地重现此类操作。针对当前示例，相关过程十分简单，如下所示（当然，用户也可实现进一步尝试）：

- 打开项目 Hierarchy 中的 ScreenSpaceCameraCanvas GameObject。

> 需要注意的是，全部Rect Transform均为只读状态。其中，两种类型的屏幕空间Canvas（Overlay和Camera）均使用了全屏模式。因此，其尺寸、旋转以及缩放均由运行设备所决定，同时也包括编辑器。

- 选择 HealthUIPanel GameObject，并将 Rect Transform Rotation Y 值设置为 10。

在 Scene 视图中，HealthUIPanel 的显示结果将会产生少许变化。然而，当切换至 Game 视图后，即可查看到基于默认状态下（GUICamera 的）FOV 的整体旋转效果，如图 5-14 所示。

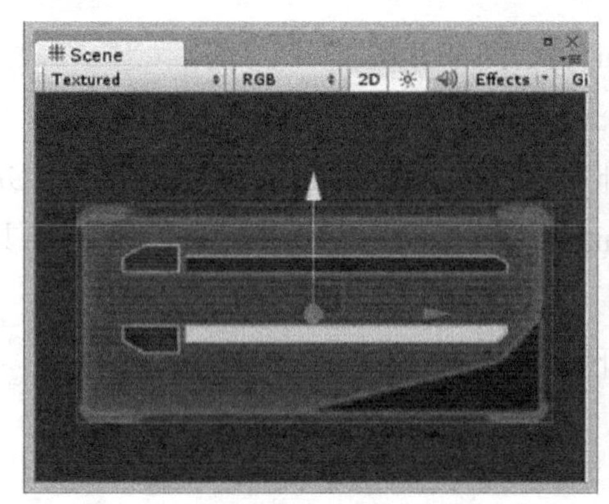

非旋转场景视图

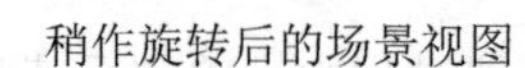

稍作旋转后的场景视图

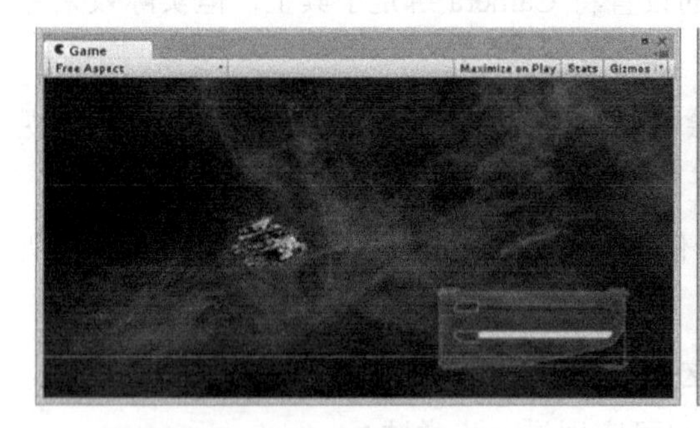

状态栏 UI 上的非旋转游戏视图

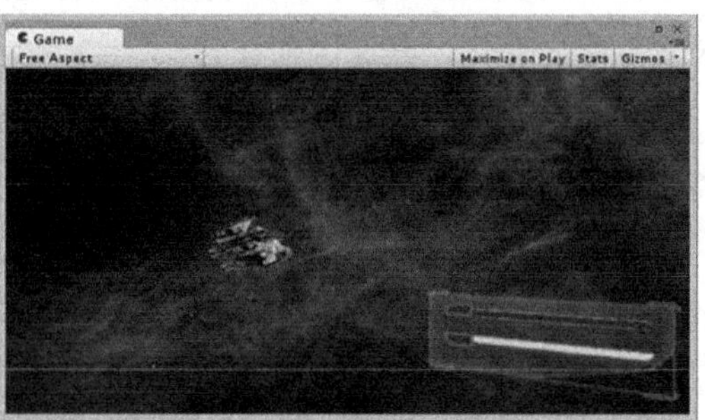

景深效果

图 5-14

不难发现，Screen Space – Camera Canvas 向平面型 UI 添加了某种深度效果。

之前曾讨论过，用户可尝试在此基础上使用多种选项，进而利用相机修正旋转效果，或者是 UI 组件的深度效果，因此，读者不妨对此进行多种尝试。

5.5　进一步讨论

截止到目前，之前讨论的两种 Screen Space Canvas 模式对 UI 效果进行了适当处理，并相对于屏幕空间进行绘制。其中，各模式均与全屏相关。

但在某些场合下，这并非是期望效果。例如，UI 可能需要绘制在表面上，场景中（而非其上）弹出的消息框，甚至可悬停于第三人称角色的肩膀上（例如之前讨论的用于游戏中的清单面板，这在游戏 Dead Space 中也出现过）。

对此，存在多种方法可实现这一类效果，例如，可采用渲染纹理（需要使用 Unity 的高级版本），通过代码对原有 GUI 系统进行调整（但效果难以令人满意），或者采用底层着色器方式（需要深入了解着色器知识）。对于初学者而言，上述方案相对复杂，或者需要大量的时间才能获得正确的结果，这也是 World Space Canvas 产生的原因。

5.5.1　定位 Canvas

当采用 World Space Canvas 时，从理论上讲，可在 3D 环境下实现 UI Canvas 的任意定位和旋转。与 Screen Space Canvas 不同，World Space Canvas 不受任何限制。实际上，World Space Canvas 几乎完全等同于 Render Texture，但不会受到许可权限的限制，并向全体人员开放。

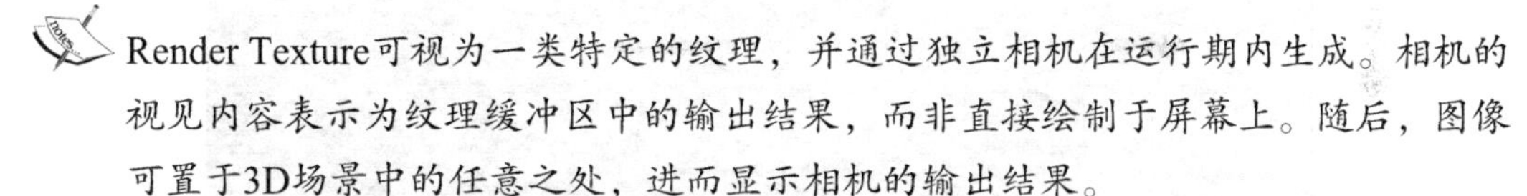

Render Texture可视为一类特定的纹理，并通过独立相机在运行期内生成。相机的视见内容表示为纹理缓冲区中的输出结果，而非直接绘制于屏幕上。随后，图像可置于3D场景中的任意之处，进而显示相机的输出结果。

Render Texture常用于纹理链中（纹理在不同的相机视口中进行渲染），并呈现后视显示效果；或者设置额外的视图，而非基于Main Camera的显示结果。在一些示例中，Render Texture 曾用于入口（Portal）克隆（该示例的对应网址为 http://en.wikipedia.org/wiki/Portal_(video_game)）。其中，某一入口显示了源自其他入口的视图。换而言之，该位置表示为其他入口的观察结果，而非玩家可直视的内容。

如前所述，Render Texture需要得到Unity Pro的授权许可，而免费版本则对此不予支持。

当 World Space Canvas 设置完毕后，用户可在其中构建下列内容：

- 电视屏幕，可在其中显示一系列广告内容。
- 处于浮动状态的信息栏。
- 基于游戏角色的交互式文本。
- 可与玩家交互的计算机终端。

上述内容均可通过 Unity 的 2D 动画系统加以实现，其操作过程相对简单。

5.5.2　效果示例

作为基本示例，下面向当前场景中添加 World Space Canvas，将其绑定至飞船对象上，进而实现某种尾随效果（或者至少可在交谈过程中予以显示），如图 5-15 所示。

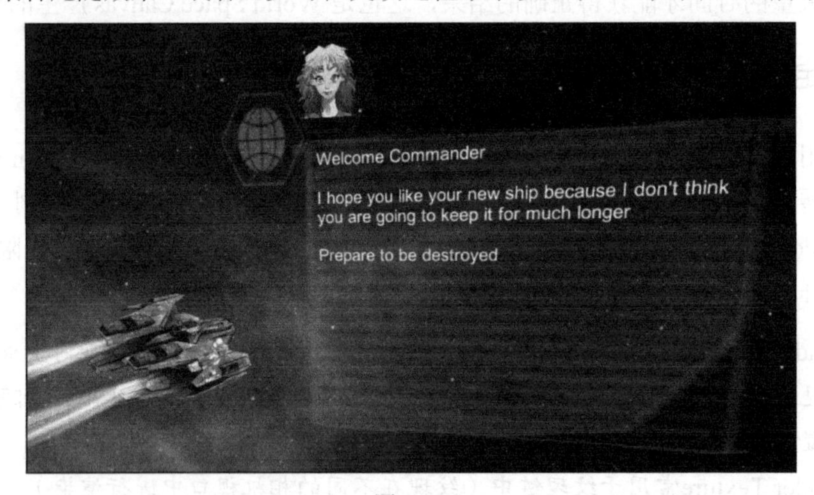

图 5-15

其间，UI 的构建步骤较为简单，如下所示：

- 左上方的 Panel 作为信息图像。
- 设置角色的子图像，并相对于左上方面板的空位置进行设置。
- 针对文本背景设置另一个面板。
- 针对面板区域的，具有一定尺寸的文本控件，并作为文本面板的子对象。

然而，这里打算采用一种非传统方式进行讲解，即首先展示一种错误的 World Space Canvas 构建方式，读者找出其中所产生的问题，并于随后寻找一种较好的方法。

错误的方案旨在强调其产生的原因，这也可视为一种有效的学习经验，其中包括问题隐藏的方式及其解决方案。

5.5.3　构建 UI 并将其置于场景中

下面首先向场景中添加新的 World Space Canvas，相关步骤如下所示：

（1）禁用 GUICamera，因而可重点关注 World Space Canvas（或者删除 GUICamera，最终操作取决于用户）。

（2）右击 SciFi_Fighter_AK5 并选择 UI | Canvas。

（3）此时，场景中将出现新建的 Canvas，可将其命名为 WorldSpaceCanvas。

（4）修改 Canvas to World Space 的 Render Mode。

（5）重置 WorldSpaceCanvas GameObject 的 Transform（针对所选的 WorldSpaceCanvas，单击 Inspector 中 Rect Transform 组件右上角的齿轮图标，并于随后选取 Reset）。

（6）右击 WorldSpaceCanvas GameObject，并选择 UI | Panel（将背景图像添加至 Canvas 中，并可对其进行查看或定位）。

当切换至 Game 视图后，新建 Canvas 相对于 3D 场景（而非 2D）中的飞船对象进行定位，如图 5-16 所示。

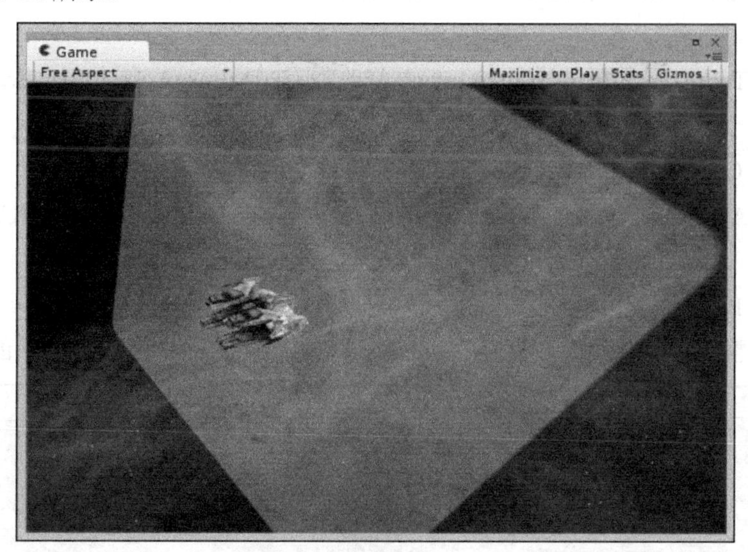

图 5-16

当返回至 Scene 视图后，即可查看到第一个问题：在添加 UI 元素前，3D 场景中、World Space 内的新建 Canvas 定位问题，其中，Canvas 处于旋转状态，并在另一个场景中以奇怪的角度定位。当然，这并非是重要错误。对此，可执行如下操作步骤：

- 旋转相机，直至其在 Canvas 上处于直视状态。
- 切换至 2D 视图，经翻转后可直接观察 Canvas。

若尝试使用GameObject的对齐选项（GameObject | Align with View or GameObject | Align with Selected in the menu），则会将UI置于视野范围之外。当然，这仅是作者的个人经历，实际结果可能有所不同。

此处暂不考虑选择路径，并直接构建 Canvas，相关步骤如下所示：

（1）旋转并定位 Canvas，并位于飞船对象一侧。

通过观察可知，解除Game视图并将其置于Scene视图一侧可简化相关操作。通过该方式，用户可通过旋转和定位更新Canvas的位置/旋转状态，进而查看编辑结果。另外，用户还可针对编辑器使用预配置视图模式（位于编辑器右上角的下拉菜单中），并使用2、3、4分割选项，进而重新排列编辑器视图。

（2）将之前添加至 TextArea 的 Panel 重命名，并将其尺寸重置为 Canvas 的右下角位置处。

（3）将 TextArea 面板的 Source Image 修改为 HUD_BaseA 中的 Backdrop_Dark 精灵对象。

（4）向 Canvas 中加入另一个 Panel，并将其命名为 AvatarArea。

（5）将 AvatarArea 面板的 Source Image 修改为 HUD_BaseA 图像中的 HUD_UnSelected 精灵对象。

（6）将 Panel 的尺寸缩至右上角位置。

（7）调整上述两个面板，直至 Scene/Game 视图中获取如图 5-17 所示的结果。

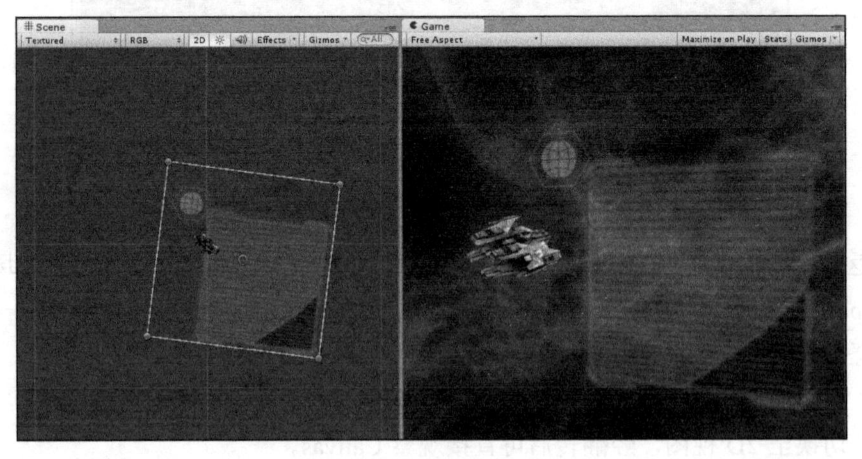

图 5-17

需要注意的是，当前使用了3D对象，因而当对其进行定位时，须将其置于3D场景中，进而获得期望的视图效果。

在此基础上添加 Text 和 Avatar，如下所示：

（1）从 NobleAvatar 资源包中导入 Avatar 头部内容（在导入后，确保将其 TextureType 设置为 Sprite）。

（2）右击 AvatarArea 面板，选择 UI | Image 并将其 Source Image 修改为导入的 Avatar。

（3）重置尺寸，将 Avatar 置于 AvatarArea 上的空六边形中。

（4）右击 AvatarArea，选择 UI | Text 并添加 Text 组件。

（5）重置 Text Rect Transform 尺寸，以在 TextArea 中进行适配。

（6）将 Text Color 设置为 White。

当对生成结果进行查看时，对应结果难以令人满意，其中包括：

- 图像呈颗粒状。
- 文本尺寸过大。
- 在设置文本的 Font Size 后，其外观无法令人满意。

下面将对造成此类问题的原因加以分析。

5.5.4　缩放问题

对于上述问题，答案在于缩放操作。当查看 WorldSpaceCanvas GameObject 的 Rect Transform 尺寸时，该尺寸表示为 100 像素宽、100 像素高；换而言之，在大型 3D 场景中，该尺寸较小。

若使用任意图像并将其重置为较小尺寸，其结果难以令人满意，并会产生各种问题。

回忆一下，在前述章节中曾指出，文本系统在 Unity 4.6 中并未产生任何变化，且缩放操作依然会出现问题，因此，当前场景中的外观效果无法达到预期要求。相应地，文本 neural 需要适当地放大，以满足各种外观的要求。

简而言之，当前问题可归结为放大操作。

5.5.5　较好的方案

综上所述，仅将 Canvas 置于 3D 空间中是不够的。

这里需要设置一个较大的 Canvas，并在与艺术素材匹配的分辨率下进行绘制，同时还需要与当前文本系统实现较好的协同工作。随后，根据 Canvas 系统设置的渲染路径，将其缩至所需的尺寸。

据此，Canvas 在所需的分辨率下进行渲染。其间，Canvas 将缩至场景绘制的纹理尺寸。

对此，需要执行下列各项步骤：

（1）创建新的 Canvas，或者将原有的宽度和高度值设置为相适的分辨率（例如 700×400，具体尺寸由用户决定）。

（2）重置尺寸并移动 Canvas 组件（子对象），以适应新的分辨率（基本上讲，应适应最大尺寸）。

（3）缩减 Canvas，可使用场景视图中的缩放工具，或者手动调整查看器中 WorldSpaceCanvas GameObject 上的缩放值（此处建议使用 Scale Tool）。

由于 Canvas 工作于较大的分辨率下，因而渲染质量得到了较大的改观。

在实际操作过程中，建议创建 World Space Canvas，且基本等同于 Render Texture，相关步骤如下所示：

（1）创建 Canvas 并切换至 2D 模式。

（2）将 Canvas 的 Render Mode 设置为 World Space。

（3）针对尝试创建的元素类型，将 Width 和 Height 设置为较好的分辨率。如果计划使用文本内容，则分辨率越大越好（应与所用文本实现最佳效果，同时尺寸不可过大）。当前，Width 设置为 700，而 Height 设置为 400。

（4）向 Canvas 添加 UI 元素，并根据实际需求对其进行配置/排列。

（5）完成后，进行定位操作，并根据场景需求进行缩放。

（6）操作完毕。

当然，用户可仅在叠加模式下创建，并于随后调整 Render Mode，具体操作取决于用户。然而，Canvas 的分辨率可能无法与创建内容实现最佳匹配。

这里并未针对World Space Canvas深入讨论Anchor。考虑到在3D环境下进行渲染，因而其重要性有所降低。尽管如此，这里仍建议尽可能地将其投入使用，以确保养成良好的使用习惯。

5.5.6　Event Cameras 的最后几点说明

前述讨论的 UI 并未包含任何交互式元素，且针对 World Space Canvas 并未设置 Event Camera。如果用户需要调整 World Space Canvas 的渲染过程，并针对 UI 输入设置不同的相机以执行光线投射操作，则可使用 Event Camera。

Unity 提供的示例已对此进行了较好的描述，在大多数 World Space UI 示例中，用户无须定义独立的 Event Camera。

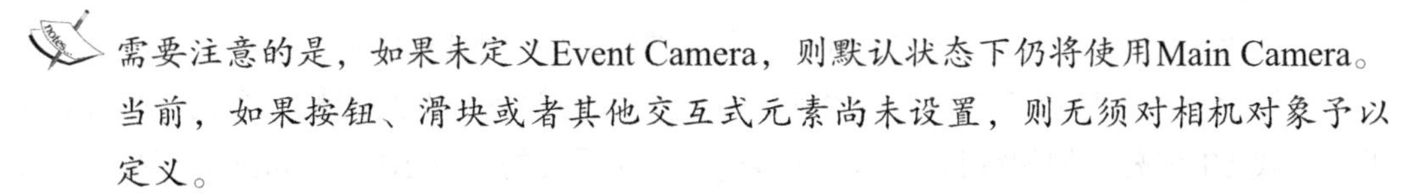

需要注意的是，如果未定义Event Camera，则默认状态下仍将使用Main Camera。当前，如果按钮、滑块或者其他交互式元素尚未设置，则无须对相机对象予以定义。

因此，UI 可能位于主视图并使用了 Main Camera，或者需要在屏幕的特定位置对其进行绘制（例如清单型 UI）。此时，用户需要使用到独立相机（例如之前讨论的 Screen Space - Camera 示例），例如 Event Camera，以帮助用户提供直接（简化）的输入，并渲染 World Space UI。

5.6　本章小结

本章介绍了大量的有趣内容，其中展示了基于两种 Canvas 模式的多个示例。建议读者不断进行尝试，进一步体验其中的乐趣。对此，读者可尝试各种新奇的理念，并将其在游戏场景中付诸实现。

关于 UI 效果，Unity 5 提供了基于 Canvas 模式的多个优秀示例（读者可访问 http://bit.ly/U5Preview 获取更多信息），其中包括 World Space Canvas，该 Canvas 与某些组件进行绑定，例如与游戏对象（而非玩家）结合使用的对话窗口。对应的 UI 系统源自 Unity 4.6，并移至 Unity 5 中，因而相关内容均可视为最新版本。

当利用最新的 UI 系统构建相关选项时，Unity 充分尊重了用户的意见，相关模式完美体现了 3D 式内嵌 UI。

本章主要涉及以下内容：

- UI 和 3D 场景。

- Screen Space – Camera Canvas 及其透视效果。
- World Space Canvas 及其 3D 定位。
- Canvas 模式应用提示和技巧，进而体现了 UI 的 3D 效果。

第 6 章则在此基础上讨论编码内容，并通过代码方式创建 UI，进而对开源代码以及运行结果加以考查。

Unity 通过开源方式发布了最新的 UI 系统，并使得开发人员在 Unity 代码示例的基础上实现进一步的开发。另外，用户也可向 Unity 提供自己的开发理念，并查看其核心内容是否因此而有所变化。

读者可根据所学知识，并对 Unity 官方提供的 UI 示例进行修正。

根据前述章节所讨论的内容，读者还可进一步理解各示例间的整合方式。另外，关于交互式 UI 屏幕（例如键盘），以及 Drag-Drop 系统的运行示例，Unity 同样提供了相应的展示内容（参见第 6 章以理解与 Drag-Drop 示例相关的脚本）。

关于 Unity 官方 UI 示例程序，读者可访问 http://bit.ly/UnityOfficialUIExamples 以获取更多内容，其中还包含了多个场景，并以此展示了不同的 UI 模式。

作者的博客中也涉及了多个示例以及 UI 布局，读者可对此予以关注。

第 6 章　与 UI 源代码协同工作

截止到目前，前述章节已完成了大多数任务，且取得了较好的结果，包括添加 Canvas、缩放操作、在屏幕上显示多个 UI，甚至可实现太空飞船的动画效果。

在 UI 元素背后，动画系统对此提供了强有力的支持，还提供了应用过程中的多项附加功能。

本章继续讨论 UI 系统的内部结构及其相关知识。

本章主要涉及以下内容：

- Event System 及其功能。
- 事件和委托机制。
- 操作示例。
- 开源及其应用方式。

与本书前述章节相比，本章内容稍具难度。尽管本章内容在游戏开发过程中较为重要，但并非必要，读者完全可通过新UI系统中的编辑器特性予以实现。

6.1　了解 Event System

Event System 可视为一类强大的管理系统，并提供了下列功能项：

- 对输入系统进行分类。
- 监听当前输入状态。
- 维护当前所选的 GameObject。
- 更新各个输入系统。
- 针对输入和屏幕系统之间的光线投射测试进行编组。

稍后将对上述内容进行逐一介绍。

需要注意的是，场景中仅存在单一的EventSystem管理器，且与添加数量无关。EventSystem的核心内容表示为静态实例，同时仅存在单一实例。

EventSystem 使用了本章后续内容描述的事件逻辑，管理 UI 状态，甚至可针对所选对象处理相关事件。

6.1.1　事件系统循环

与大多数管理器和 Unity 自身类似，EventSystem 按照如图 6-1 所示的方式实现循环操作。

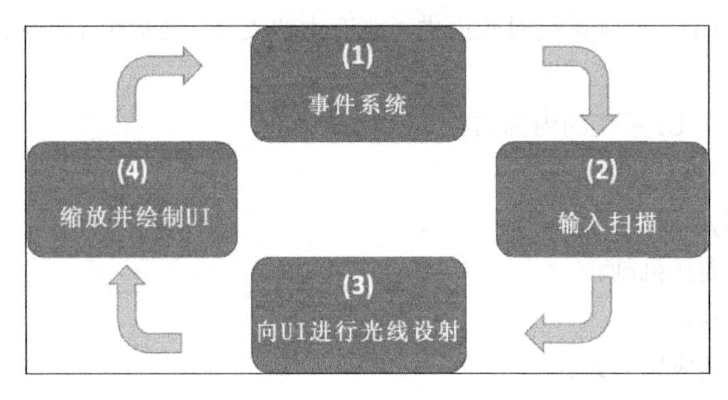

图 6-1

具体内容解释如下：

- Event System：在循环的开始阶段，Event System 验证场景中处于活动状态的、输入系统的细节内容，并在开启下一个阶段时对此类输入进行测试。
- 解析过程：一旦管理器了解了现有的输入类型（例如鼠标、键盘以及触摸操作等），则依次通知各输入系统并收集其当前状态。
- 处理过程：当输入系统获取各自状态时，将回调 Event System，并通过现有的光线投射系统向场景中投射光线（物理光线投射器、图形投射器等），进而确定 GameObject 是否与用户输入间彼此交互。随后，在通知相关 GameObject 时，这将引发某些事件（将对任何 GameObject 产生影响，而非仅是 UI）。相应地，如果仅需影响到 UI，则可通过 CanvasGroup 以使 Canvas 将光线投射限定于当前场景中。
- 后续处理：当 Event System 处理完毕后，将执行渲染操作，Canvas 自身将被绘制至当前场景中。该过程较为高效，并可确保任何用户交互行为在绘制操作发生前均已被处理（例如鼠标指针悬停在按钮上时的高亮效果）。

- 返回至 Event System：当 Unity 结束当前操作后，将再次重复上述行为，且用户已了解了 3D/2D 渲染机制等内容。

6.1.2　状态控制

在其他方面，EventSystem 还可确定当前所执行的体验状态，其中包括：

- 所测试的输入系统。
- 当前选择内容（这对于 UI 导航系统十分重要），包括最初（即默认对象）和最后所选取的对象。

在游戏循环内，上述关键状态需要被全程跟踪，进而了解当前点的处理内容。

6.1.3　光线投射编组

针对光线投射测试，EventSystem 还可表示为转向管理器，且全部路径均返回至 EventSystem。

当输入模块需要验证事务是否被某一特定输入交互行为所通知时，针对输入行为（鼠标指针或触摸行为），将询问 EventSystem 当前坐标附近是否存在对应内容。随后，EventSystem 将使用该位置，并遍历 Canvas 所注册的全部光线投射模块，进而查看是否产生碰撞。当前所支持的光线投射模块包括如下几种。

- 物理光线投射器：测试场景中的 3D 对象。
- 物理 2D 光线投射器：测试场景中的 2D 对象。
- 图形光线投射器：测试场景中的 UI 对象。
- 其他光线投射器：用户可构建自己的光线投射测试组件。

针对输入管理器，对应测试简单地返回一组光线投射结果以供后续处理。

如果读者尚不熟悉光线投射机制，可阅读Unity文档以获取详细内容，对应网址为 http://unity3d.com/learn/tutorials/modules/beginner/physics/raycasting。

基本上讲，光线投射可视为一类较为简单的测试，接收第一个坐标（例如鼠标位置）和第二个坐标（通常通过相机在场景中予以动态创建），测试并查看两点间是否存在相关对象。如果出现碰撞，光线投射结果将与相关数据发生碰撞。

6.2　与事件协同工作

新 UI 系统中引入了最新的 UnityEvent 逻辑，并实现了标准化和委托机制，进而管理场景中 GameObject 间的交互行为，即主要集中于基于新 UI 的输入交互行为。

针对最新 UI 系统的核心内容，其中设定了称为 UnityEvent 的新型委托管理器。该管理器使得用户可向其可创建、添加或移除多个委托函数，并一次性地予以执行。

> UnityEvent定义为大多数编程语言中的基本委托模式的扩展，并与Unity引擎和语言解释器相适应。
>
> 关于委托机制的更多内容，读者可访问：
>
> - http://bit.ly/CSharpDelegates，提供了 MS 参考内容。
> - http://bit.ly/CSharpDelegateTutorial，提供了 MS 委托教程。
> - http://bit.ly/PowerOfDelegates，介绍了委托机制的功能。

下面将编写一个脚本，并将结果输出至控制台，进而显示所发生的事件。对此，可创建名为 SimpleEvent.cs 的 C#脚本，并利用下列代码予以替换：

```
using UnityEngine;
using UnityEngine.Events;

public class SimpleEvent : MonoBehaviour {
  //My UnityEvent Manager
  Public UnityEvent myUnityEvent = new UnityEvent();

  void Start () {
    //Subscribe my delegate to my UnityEvent Manager
    myUnityEvent.AddListener(MyAwesomeDelegate);
    //Execute all registered delegates
    myUnityEvent.Invoke();
  }

  //My Delegate function
  private void MyAwesomeDelegate()
```

```
    {
        Debug.Log("My Awesome UnityEvent lives");
    }
}
```

作为标准，用户应将脚本添加至名为Scripts的文件夹内，同时还须将场景添加至名为Scenes的文件夹内，当然这并非必需。

下面创建新场景并向其中加入空的 GameObject，并将其重命名为 SimpleEventObject（该 SimpleEventObject 将与当前脚本绑定，具体名称并不重要）。随后，可将该脚本拖曳至新 SimpleEventObject GameObject 中；或者单击查看器中的 Add Component（针对所选的 SimpleEventObject GameObject），进而搜索 SimpleEvent 脚本以添加于其中。

对于 SimpleEventObject，当脚本添加完毕后，查看器中的内容如图 6-2 所示。

图 6-2

相关属性与内建 UI 控件所用属性相同，例如按钮和滑块等。鉴于同时采用了 UnityEvents，因而其工作方式也保持相同。

需要注意的是，此处无须定义脚本所绑定的对象，针对UnityEvents，甚至不需要包含场景中的EventSystem。

对于绑定至 SimpleEventObject GameObject 的 SimpleEvent 脚本，当运行当前项目时，脚本将执行下列步骤：

（1）运行场景时将调用 Start 方法。

（2）注册 MyAwesomeDelegate 函数，并作为新 UnityEvent 的委托函数。

（3）调用 UnityEvent，这将触发全部委托函数。

（4）运行 MyAwesomeDelegate 方法，并将结果输出至调试控制台中。

上述各项步骤工作正常，且与常规委托机制的处理方式基本相同。然而，类似于其他 UnityEvent 实现，还可根据 Property drawer 在查看器中配置 UnityEvent。

对此，可向前述脚本中添加附加方法（作为 public 类型），如下所示：

```
public void RunMeFromTheInspector()
{
  Debug.Log("Look, I was configured in the inspector");
}
```

接下来，在查看器中执行下列步骤：

（1）选择 SimpleEventObject。

（2）单击 UnityEvent 属性中的“+”图标，进而注册新的 Event。

（3）仅保留 Runtime Only 选项——这里无须在编辑器中运行。

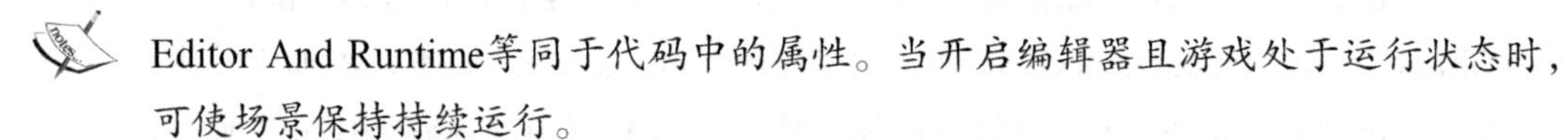

Editor And Runtime等同于代码中的属性。当开启编辑器且游戏处于运行状态时，可使场景保持持续运行。

读者可访问http://docs.unity3d.com/ScriptReference/ExecuteInEditMode.html以获取更多信息。

（4）通过 Runtime Only 选项下方的对象选择器，选取 SimpleEventObject（或者将场景中的 GameObject 拖曳至该选项框中）。这将选择 Event 所触发的对象。

（5）最后，通过 Runtime Only 选项右侧的下拉菜单选取相关操作，进而触发所选的 GameObject。在当前示例中，可选择 SimpleEvent | RunMeFromTheInspector 命令运行之前创建的新委托函数。

这将在 Inspector 窗口中生成如图 6-3 所示的视图，并包含了层次结构中所选的 SimpleEventObject。

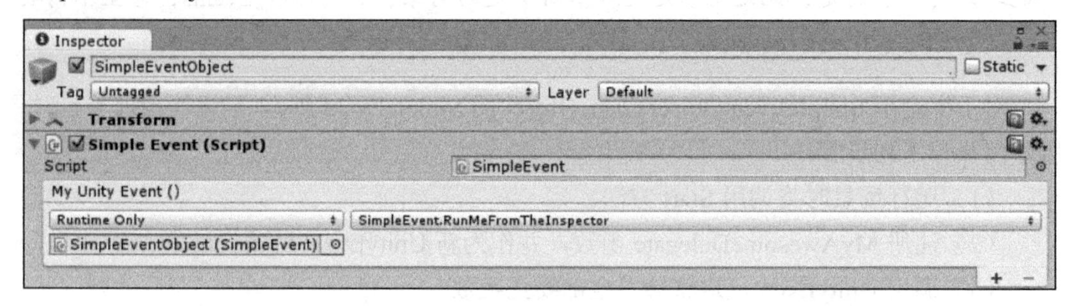

图 6-3

此时运行项目，将生成与代码声明相同的效果，但此处通过编辑器配置选项予以实现（用户可查看到两种输出事件，分别来自代码和编辑器配置选项）。

当前，用户可单击控件，并执行某项操作。然而，当传递相关信息时，情况又当如何？

6.2.1　使用参数

若将一组参数用作 UnityEvent 调用的部分内容，则可对前述示例进行适当扩展。首先，此处需要通过所需的参数模式声明新类。对此，可采用希望传递的信息数据类型继承 UnityEvent 类。例如，可定义一个名为 MyParameterizedEventClass 的 C#脚本（通过字符串参数继承自 UnityEvent），如下所示：

```
using System;
using UnityEngine.Events;

[Serializable]
public class MyParameterizedEventClass : UnityEvent<string>{}
```

如果未向类中添加[Serializable]标签，UnityEvent将不会出现于编辑器的查看器中（用户需对此予以强制执行）。

另外，用户不应忘记向脚本文件中添加下列代码，否则将会产生错误。

```
using System;
```

当采用新类型时，可同之前一样创建并使用事件，但当前内容包含了选项参数，因此，可创建名为 SimpleParameterizedEvent 的 C#脚本，并用下列代码替换原有内容：

```
using System;
using UnityEngine;
using UnityEngine.Events;

public class SimpleParameterizedEvent : MonoBehaviour {
  //My parameterized UnityEvent Manager
  public MyParameterizedEventClass myParameterizedEvent =
new MyParameterizedEventClass();

  void Start ()
```

```
  {
    //Subscribe my delegate to my parameterized UnityEvent Manager
    myParameterizedEvent.AddListener(MyOtherDelegate);

    // Execute all registered delegates with the string parameter
    myParameterizedEvent.Invoke("Hello World");
  }

  //My parameterized Delegate function
  private void MyOtherDelegate(string arg0)
  {
    Debug.Log("Some Message - " + arg0);
  }
  public void RunMeFromTheInspector(string arg0)
  {
    Debug.Log("What are you telling me? : " + arg0);
  }
}
```

如果像以前那样在名为 SimpleParameterizedEventObject 的空 GameObject 对象上向场景中加入上述内容，并通过静态 RunMeFromTheInspector(string)方法在编辑器中对其进行配置，如图 6-4 所示，则会得到与之前相同的结果，但此处采用了新值并在调用中向其传递了附加信息。

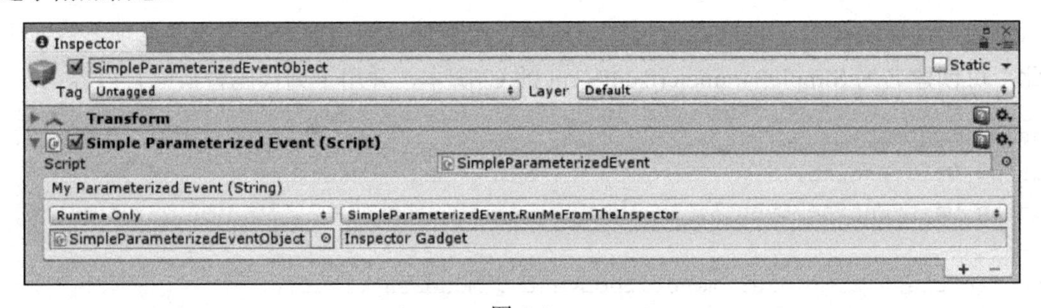

图 6-4

因此，当采用上述设置运行当前项目时，可从代码一方获取一条消息，即 Some Message - Hello World，以及源自编辑器配置一方的消息——What are you telling me? : Inspector Gadget。

尽管该过程相对复杂，但用户可获得更大的自由。

需要注意的是，作为UnityEvent的参数类型，Unity仅支持C#基本类型（bool、string、int和float类型），以及Unity类型（GameObject等）。

关于所支持的数据类型，读者可访问http://bit.ly/UnityEventSupportedTypes并观看视频教程（大约位于10分30秒处）。

对于当前的 UnityEvent 类，单一方法中最多包含 4 个参数。当然，用户可在代码中对此进行适当的扩展。

6.2.2　内建事件接口

对于 UI 系统，Unity 定义了多种事件类型和接口，并以此支持相关事件，且均隐式地实现于 Input 处理中，进而根据用户输入确保全部事件于正确时刻出现。

在 Unity 4.6 版本中，事件可划分为如下分组：

- Pointer 事件
  - IPointerEnterHandler：当鼠标指针进入到 UI 对象的 Rect Transform 区域时出现。
  - IPointerExitHandler：当鼠标指针离开 UI 对象的 Rect Transform 区域时出现。
  - IPointerDownHandler：当按下可选取的 UI 控件（例如按钮）时出现。
  - IPointerUpHandler：当释放可选取的 UI 控件（例如按钮）时出现。
  - IPointerClickHandler：当单击可选取的 UI 控件（按下和释放操作）时出现。
- Drag Handlers 事件
  - IInitializePotentialDragHandler：拖曳的首个点。
  - IBeginDragHandler：表示确认后的、已开始的拖曳行为。
  - IDragHandler：表示被拖曳的 UI 组件。
  - IEndDragHandler：表示已被释放的 UI 拖曳组件。
  - IDropHandler：等同于拖曳结束操作，但不包含拖曳数据。
- Miscellaneous 处理事件
  - IScrollHandler：当检测到输入设备上的滚动操作时被引发，例如鼠标滚轮。
  - IUpdateSelectedHandler：当所选 UI 控件被更新或调整时引发。
  - ISelectHandler：当 UI 控件被选取或处于焦点状态时引发。

- IDeselectHandler：当 UI 控件被反选或失去焦点状态时引发。
- IMoveHandler：当移动摇杆时引发（使用 Input.GetAxis）。
- ISubmitHandler：当按下 Submit 按钮时引发（默认时为 Enter 键）。
- ICancelHandler：当按下 Submit 按钮时引发（默认时为 Esc 键）。

当在脚本中使用上述接口时，可自动绑定此类事件。在了解了相关内容后，这里的问题是如何对其实现正确的应用。

6.2.3 执行事件

内建事件（当产生事件时，脚本将有所响应）的应用方式较为简单。作为示例，本节将整合简单的脚本内容，进而在鼠标指针悬停于 UI 上时显示相应的提示框。

对此，首先需要定义名为 Tooltip 的 C#脚本，并利用下列代码替换原有内容：

```
using UnityEngine;
using UnityEngine.EventSystems;
using UnityEngine.UI;

public class Tooltip : MonoBehaviour
{
  private bool m_tooltipDisplayed = false;
  public RectTransform TooltipItem;
  private Vector3 m_tooltipOffset;
}
```

随后可添加两个事件接口以供提示框使用，即 IPointerEnterHandler（检测鼠标指针在 UI GameObject 上移动）和 IPointerExitHandler（检测鼠标指针离开 UI GameObject）。对此，可按照下列方式简单地更新类定义：

```
public class Tooltip : MonoBehaviour, IPointerEnterHandler,
IPointerExitHandler
```

当采用事件句柄定义类时，接口名称下方有时会显示红色的波浪线。相应地，可右击包含红色波浪线的接口，并选择Resolve | using UnityEngine.EventSystems命令。

另外，还可在脚本开始处手动添加“using UnityEngine.EventSystems;”代码。

待接口添加完毕后，可对此类接口添加相应的处理方法，如下所示：

```
public void OnPointerEnter(PointerEventData eventData)
{
  //Mark the tooltip as displayed
  m_tooltipDisplayed = true;
  //Move the tooltip item to the detected GO and offset it above
  TooltipItem.transform.position =
  transform.position + m_tooltipOffset;
    //Activate the tooltip
    TooltipItem.gameObject.SetActive(m_tooltipDisplayed);
}

public void OnPointerExit(PointerEventData eventData)
{
  m_tooltipDisplayed = false;
  TooltipItem.gameObject.SetActive(m_tooltipDisplayed);
}
```

除此之外，在 Visual Studio 或 MonoDevelop 中，还可右击接口名称（例如 IPointerEnterHandler），选择Implement Interface | Implement Interface命令，如图6-5所示，进而可自动向对应类中添加全部所需方法。

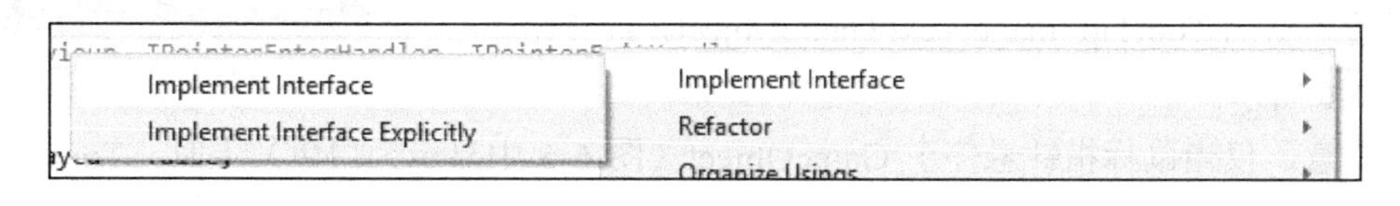

图 6-5

随后，针对事件出现后所执行的具体内容，可向生成的方法中添加相应的代码。需要注意的是，在不同的MonoDevelop 和Visual Studio版本中，函数的public部分可能不会被添加。但无论如何，代码均可正常工作，是否将此类函数暴露于脚本之外，则取决于用户。

当启用脚本时，可对相关属性进行设置，也就是说，向 Tooltip 脚本中添加下列内容：

```
void Start () {
  //Offset the tooltip above the target GameObject
```

```
    m_tooltipOffset =
      new Vector3(0,TooltipItem.sizeDelta.y ,0);
    //Deactivate the tooltip so that it is only shown when you
    //want it to
    TooltipItem.gameObject.SetActive(m_tooltipDisplayed);
}
```

针对上述脚本，可通过下列步骤对其加以执行：

（1）在 Canvas 上创建名为 HoverOverMe 的 UI 元素，并将 Tooltip 脚本加入其中。

（2）针对 Tooltip 创建另一个 UI 元素，例如一幅图像（以及 Text 组件作为子对象）。此处，应确保在 UI Canvas 之外对其定位，因而不会在启动时遮挡 UI。

（3）选取 HoverOverMe GameObject，并将 Tooltip 脚本的 Tooltip Item 属性设置为针对提示框所创建的 UI 元素。

当前，当启动项目，且鼠标指针移动至与脚本绑定的 UI 上方时，其上将显示工具框；当鼠标指针离开 UI 时，则工具框消失。当前示例项目创建了 Image，并向其添加了 ToolTip script；随后则加入了另一个称作 ToolTip 的 Image，此处利用了 Text 控件作为子对象（将 Text Anchor 设置为 Fill）。最后，还将初始 Image 上的 Tooltip 脚本属性设置为新的 ToolTip Image/Text GameObject，最终结果如图 6-6 所示。

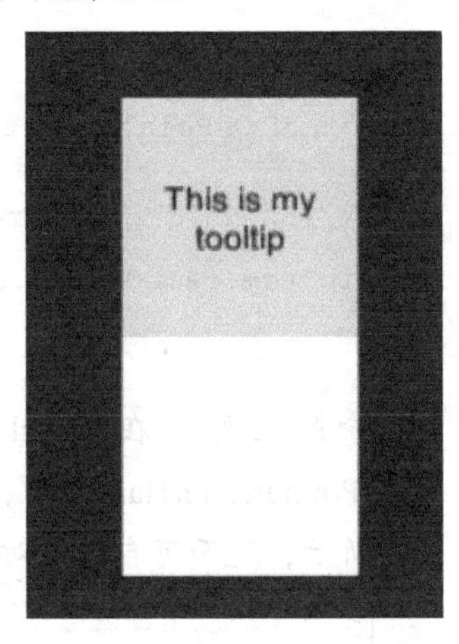

图 6-6

注意，仅当鼠标指针悬停于 GameObject（图 6-6 中显示为白色）上时，Tootlip（显示为灰色）方得以呈现。

上述操作仅为基本实现，且适用于Screen Space – Overlay Canvas。当采用Screen Space – Camera或World Space Canvas时，则需要利用ScreenPointToRay函数平移鼠标指针位置（关于更多细节，读者可参考稍后讲解的UIWindowBase示例）。

除此之外，多个对象可能会使用同一个工具框，甚至还可制作动态工具框，并根据鼠标指针所悬停的对象改变其文本或图像。

这里的问题是，如何解释其工作方式和脚本内容的含义。

鉴于之前添加了 IPointerEnterHandler 和 IPointerExitHandler 接口，因而对应步骤如下所示：

- 对应脚本实现了绑定于场景 GameObject 的某一事件。
- 当输入句柄（例如 StandaloneInputModule）需要引发某一事件时，则搜索实现了该事件接口的相关 GameObject（限定于光线投射产生碰撞后的对象）。
- 如果存在这一类 GameObject，并实现了相关接口，则针对该接口实现句柄方法，并针对事件传递必要的信息。

其中，某些事件由 Input 处理加以管理，而另外一些事件则通过 Event 系统自身予以管理。

该框架旨在简化操作，并可针对事件类型方便地向脚本或组件添加处理行为。

如果仅添加了接口且未实现相关方法，则脚本无法正常执行，并生成“Does not implement interface member UnityEngine.EventSystems.IPointerExitHandler.OnPointerExit (UnityEngine.EventSystems.PointerEventData)”这一消息。

对此，可通过手动方式添加遗失的方法，或者使用之前讨论的自动方法。

6.3　构建自定义句柄或事件

当前，用户无须编辑 Unity 的 UI 源代码并构建自己的事件，仅需编写自己的实现代码即可。当遵循相关标准时，这一过程并不复杂。随后，用户可方便地管理 Unity 的 UI 框架（对于重大应用，用户甚至可将其提交至 Unity）。

当然，读者可对此进行尝试；然而，当前事件框架中已涵盖了多种理念，并值得读者对此予以考查。

当构建自定义事件时，首先需要定义如下内容：

- 自定义事件的数据结构（扩展自 BaseEventData）。
- 自定义事件接口（扩展自 IEventSystemHandler）。
- 包含了 Execute 函数的静态容器类。
- Input 模块（可选项且扩展自 BaseInputModule），并以此处理和执行事件。
- 实现了接口的类或 GameObject（之前对此曾有所讨论）。

尽管涉及多项内容，但实际操作过程并不复杂。

构建自定义事件的主要原因在于，可管理其他对象需了解的、游戏场景中的事物，其中包括：

- ❑ 警示系统，告知全部对象应处于行动状态。
- ❑ 目标数据，通知星际飞船向特定点发动攻击。
- ❑ 会话系统或事件日志系统，相关各方需要提供数据予以显示。

下面讨论自定义事件处理的设置过程。对此，警示系统可作为一类较好的示例，特别是可利用 Input Manager 监听全部相机，并在检测到相关事件发生后，可向全部对象传递消息（在此基础上，可监测相机对象，设置可关闭警示系统）。

6.3.1 自定义事件的数据结构

当规划自定义事件时，若事件被引发，应对重要的数据有所判断。在内建接口中，相关信息包括被影响到的 GameObject，或者鼠标指针位置等内容。

相应地，可创建新的 C#脚本，将代码置于独立文件中，进而提升操作的可读性。具体实现过程需要在实际游戏中完成，此处仅讨论相关执行步骤。

> 为了简化当前示例，此处将全部UnityEvent代码置于称为AlarmSystem的独立代码文件中。当然，这可视为一类可选操作。如果读者愿意，可针对各部分内容创建独立的脚本。
>
> 当前整合操作旨在方便地维护交叉事件代码。

针对 AlarmSystem 脚本，利用下列代码替换原有内容：

```
using UnityEngine;
using UnityEngine.EventSystems;
```

对于警示功能，仅需要使用到警示触发点的位置并传递数据，如下所示：

```
// Custom data we will send via the event system
public class AlarmEventData : BaseEventData
{
 public Vector3 AlarmTriggerData;
 public AlarmEventData(EventSystem eventSystem,
 Vector3 alarmTriggerData): base(eventSystem)
 {
  AlarmTriggerData = alarmTriggerData;
 }
}
```

上述类定义中包含了下列较为重要的信息：

- 该类继承自 BaseEventData 类。
- 针对当前事件，类构造函数通过 base 标识将 EventSystem 传回至基类中。
- 利用当前数据，可实现定制接口。

此处采用了Vector3表示事件数据，进而定义所引发的警示位置。对于2D游戏，则可调整为Vector2。除此之外，还需添加其他额外的数据，例如相机的方向。具体内容视具体情况而定。

6.3.2　自定义事件接口

截止到目前，接口可视为最简单的部分，可将其添加至之前创建的 AlarmSystem 脚本（位于 AlarmEventData 类之后）中，如下所示：

```
// The interface you implement
// in your MonoBehaviours to receive events
public interface IAlarmHandler : IEventSystemHandler
{
  void OnAlarmTrigger(AlarmEventData eventData);
}
```

相关定义如下所示：

- 实现了警示系统（是否包含炮塔这一类对象？）的全部类均使用该接口名称。

根据标准，全部接口均以大写字母“I”开始，且易于分辨和阅读。

- 用作类模板的简单方法实现了当前接口（如果支持多个行为，还可定义多个方法）。待定义完毕后，即可用于项目中的各个类中，并可对事件进行处理。

6.3.3　自定义事件静态容器

事件系统针对自定义事件的调用方式等同于其调用控件中的其他事件，因而可采用某些样板文件，以实现高效的应用。在 AlarmSystem 脚本中，可将此添加至 IAlarmHandler 接口之后，如下所示：

```
// container class that holds the execution logic that is called
// by the event system to delegate the call to the interface
public static class MyAlarmTriggerEvents
{
  // call that does the mapping
  private static void Execute(IAlarmHandler handler,
    BaseEventData eventData)
  {
    // The ValidateEventData makes sure the passed event
    // data is of the correct type
    handler.OnAlarmTrigger(
      ExecuteEvents.ValidateEventData<AlarmEventData>(eventData));
  }
// helper to return the function that should be invoked
public static
  ExecuteEvents.EventFunction<IAlarmHandler> AlarmEventHandler
  {
    get { return Execute; }
  }
}
```

当执行事件时，需传递 AlarmEventHandler，针对当前事件，这将通知事件系统所执行的方法。

6.3.4 处理自定义事件

待 EventHandler 确定后，仅需简单地在示例游戏场景中对其加以实现。

最后一个问题则是事件的触发操作，此时，事件将被引发；同时，针对触发事件，实现了对应接口的全部对象将被通知。

对此，可编写独立的输入模块，并绑定至事件系统上。相应地，可编写名为 MyAlarm ScannerModule 的 C#脚本，并采用下列代码替换原有内容。

```
using UnityEngine;
using UnityEngine.EventSystems;
```

```
//Custom input module that can send the events
public class MyAlarmScannerModule : BaseInputModule
{
  // list of objects to invoke on
  public GameObject[] TargetDroids;
  // Variable to store the location of a triggered alarm
  private Vector3 TriggeredCameraLocation;
  // Variable to denote if the alarm has been activated or not
  private bool alarmTriggered;

  // called each tick on active input module
  public override void Process()
  {
    // if we don't have targets return
    if (TargetDroids == null || TargetDroids.Length == 0)
    return;
    // If the alarm has already been triggered
    // then there's no point shouting
    if (alarmTriggered)
    return;

    //Placeholder to add some snazzy logic to locate triggered
    //alarms, just returns none for now.
    TriggeredCameraLocation = Vector3.zero;
    // for each droid invoke our custom event if the alarm
    // is triggered
    if (TriggeredCameraLocation != Vector3.zero)
    {
      alarmTriggered = true;
      var eventdata = new AlarmEventData(eventSystem,
        TriggeredCameraLocation);
      foreach (var droid in TargetDroids)
      {
        ExecuteEvents.Execute(droid, eventdata,
```

```
            MyAlarmTriggerEvents.AlarmEventHandler);
        }
    }
  }
}
```

其中，Process 方法可视为脚本中的重要内容。当执行该脚本时（由 EventSystem 调用），该方法将被 BaseInputModule 类调用。在该脚本内，需通过选择逻辑判断需要通知的 GameObject（在当前示例中，表示为关卡中寻找问题的 droid 对象）；随后，针对调用的各对象，可执行 GameObject（如果存在）上的对应事件。

除了上述简单示例之外，读者还可尝试实现更为复杂的示例，大多数实现于UI的Input Modules中。对此，读者可阅读6.7节，进而查看相对复杂的源代码。

需要说明的是，若无必要，用户无须构建相应的输入系统，当前内容仅视为一个示例以供讨论。对此，可在代码中简单地调用 ExecuteEvents.Execute（须提供指向场景 Event System 的引用），进而触发某一事件，例如游戏结束事件。

6.4　滚球示例

当采用前述系统，并在简单示例中将其整合为独立行为时，可明晰最新 UnityEvent 系统的各种功能。

对此，本节使用了Unity中的滚球示例（即Roll a Ball示例），读者可在此基础上创建基本示例，对应网址为http://unity3d.com/learn/tutorials/projects/roll-a-ball。

为了节省时间（Unity在其教程中并未提供完整版本），此处创建了Unity包，读者可导入以加速构建过程。对此，可访问http://bit.ly/1AaDKF2并进行下载。随后，可通过菜单中的Assets | Import Package | Custom Package命令将其导入至项目中（在项目代码资源包的Chapter 6文件夹中，同样包含了相关内容）。

在示例场景中，球体对象被完全包围，如图 6-7 所示。

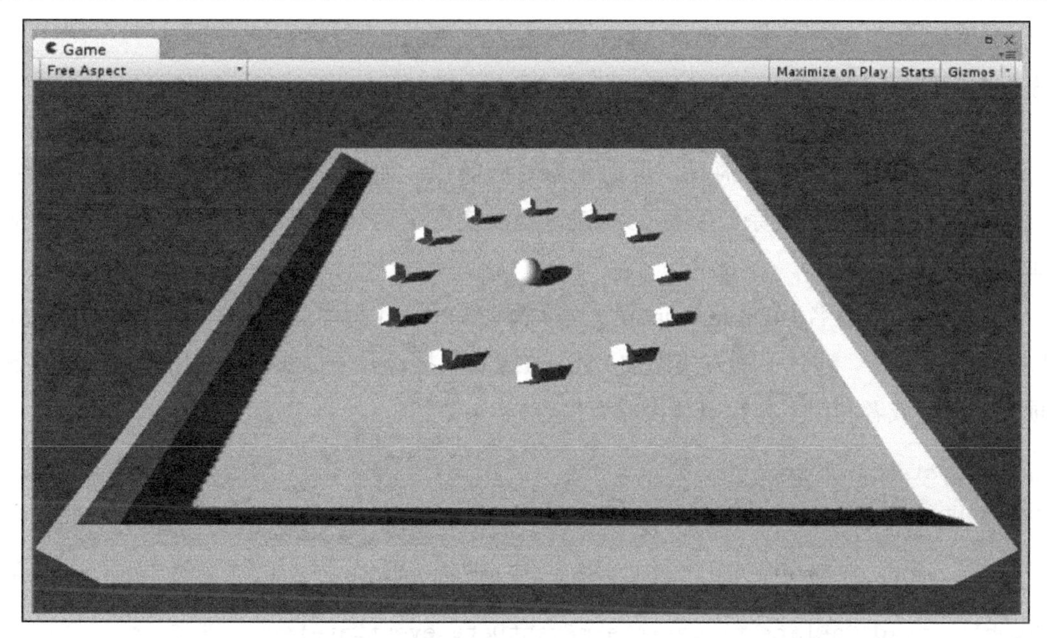

图 6-7

针对当前示例，确保已添加了AlarmSystem和MyAlarmScannerModule脚本。

示例中加入了 4 个警示板（alarm plate），触发后将导致敌方角色旋转并发起攻击（球体将“吸收”立方体，类似于游戏《超级马里奥》中的采集金币）。

为了实现自定义事件，需要添加如下内容：

- 实现了事件接口的脚本。
- Alarm 触发器脚本，自定义输入系统将对此予以关注。
- 自定义输入系统中的某些实现逻辑，进而可监视所触发的警示行为（此处仅采用了样板文件，且并不执行任何操作）。

全部基础内容均较为简单。

为了降低问题的难度，当前示例进行了适当的简化（否则，其篇幅将会成倍增长）。另外，作者博客中也对此类技术有所关注，希望读者留意相关内容。

6.4.1 Droid 脚本

警示系统等待相应的消息，进而采取对应操作，如果读者阅读了前述内容，则会发现其实现过程并不复杂。实际上，该过程与实现了内建 UI 事件的脚本构建过程基本相同。

首先需要编写名为 DroidScript 的 C#脚本（在 Project 脚本文件夹中，或者 Roll a Ball 脚本文件夹中），通过手动方式添加 IAlarmHandler 接口并予以实现（采用之前讨论的各项技巧）；或者利用下列代码替换原有内容：

```
using System.Collections;
using UnityEngine;

public class DroidScript : MonoBehaviour, IAlarmHandler {
  public void OnAlarmTrigger(AlarmEventData eventData)
  {
    //Intruder found, attack!!!
  }
}
```

在脚本模板中，还需添加简单的协同程序（位于 OnAlarmTrigger 函数之后），以在触发后使得立方体接近警示位置，如下列代码所示（为了清晰地阐述当前问题，可降低炮塔的射击角度，但这会增加脚本的内容）。

```
//Coroutine that will move an object from its current
//position to another
IEnumerator MoveToPoint(Vector3 target)
{
  float timer = 0f;
  var StartPosition = transform.position;
  while (target != transform.position)
  {
    transform.position =
    Vector3.Lerp(StartPosition, target, timer);
```

```
    timer += Time.deltaTime;
    yield return new WaitForEndOfFrame();
  }
  yield return null;
}
```

随后，可针对接口更新 OnAlarmTrigger 函数，并在调用该函数时调用协同程序，如下所示：

```
public void OnAlarmTrigger(AlarmEventData eventData)
{
  //Intruder found, attack!!!
  StartCoroutine(MoveToPoint(eventData.AlarmTriggerData));
}
```

最后，还需向 Pickup Prefab 添加 DroidScript 脚本（选择 Pickup Prefab，单击查看器中的 Add 组件并选取当前脚本）。此时，立方体对象的滚动操作就绪。

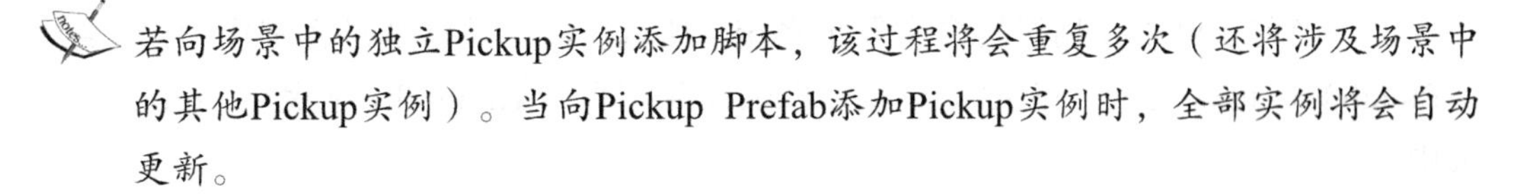

若向场景中的独立Pickup实例添加脚本，该过程将会重复多次（还将涉及场景中的其他Pickup实例）。当向Pickup Prefab添加Pickup实例时，全部实例将会自动更新。

当警示信息被触发后，立方体对象将对入侵者发动攻击。下面将加以讨论。

6.4.2　警示压力板

再次强调，此处尽量简化事务的处理过程。对于警示触发器，这里仅添加了某些压力板，当角色步入其上时将被触发。

首先，可向场景中添加新的 Plane（采用 Create | 3D Object | Plane 命令），重置其位置并将其缩放至合理的尺寸（通过 Inspector 窗口中 Transform 组件右上角的齿轮图标），例如 0.15（X、Y、Z 的 Transform Scale 属性）。随后，可将最新的 Plane 命名为 Alarm，并将其 Mesh Collider 设置为触发器，即选中 Is Trigger 复选框，如图 6-8 所示（其他选项则保持默认状态）。

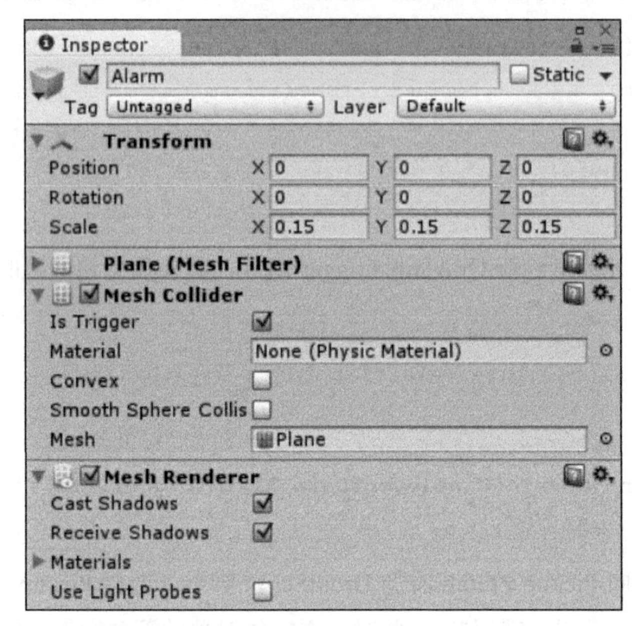

图 6-8

由于当前示例中计划设置多个警示系统，所以可将上述构建过程制作为预制组件（Prefab），也就是说，将 Alarm GameObject 从项目的 Hierarchy 拖曳至 Prefabs 文件夹中。

最终，Alarm GameObject在项目层次结构中将变为蓝色，进而表示该对象为预制组件实例。

在预制组件的基础上，可在场景中创建空的 GameObject，重置其位置并将其命名为 Alarms（表示为 Alarms 分组对象）。随后，可将当前 Alarm 拖曳至 Alarms GameObject 中，进而生成子对象并重置其位置。

针对场景中 Alarm 的下一个获取位置，可将其设置于球体和立方体之间的某处。除此之外，还可稍微提升其在 Y 轴方向上的位置（例如 0.1），以使对应位置高于地表平面。

单一 Alarm 已十分有趣，而 4 个 Alarm 将极大地丰富游戏体验。对此，可复制 Alarm（选择菜单中的 Edit | Duplicate 命令或 Ctrl/Cmd D 组合键），并将其移至场景中的其他位置处。对应效果如图 6-9 所示（当然，最终位置仍取决于设计者本人）。

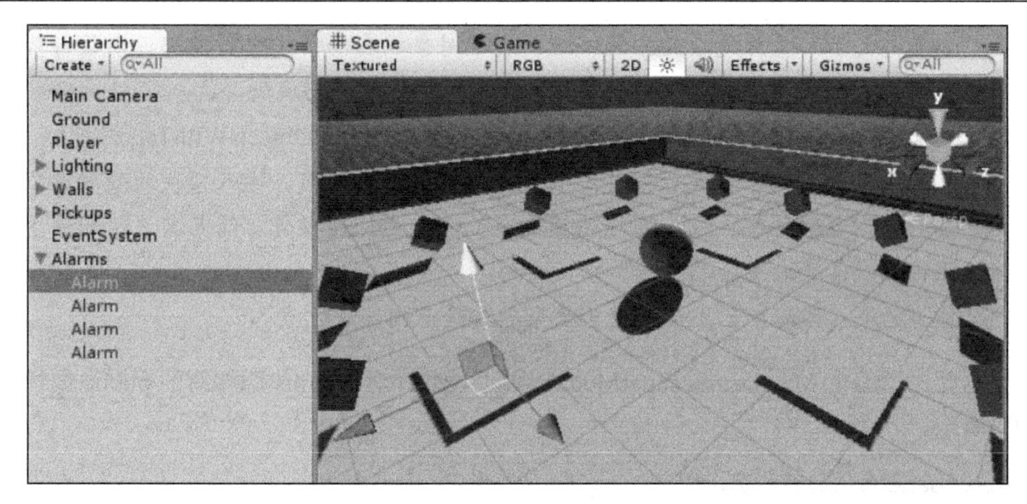

图 6-9

当触发器被引发后，全部工作则是在脚本中调整 Alarm 的状态。对此，可编写名为 AlarmScript 的 C#脚本，并利用下列代码替换原有内容。

```
using UnityEngine;

public class AlarmScript : MonoBehaviour {
  void OnTriggerEnter(Collider other)
  {
    gameObject.SetActive(false);
  }
}
```

其中，当球体进入警示系统的平面碰撞器后，脚本将禁用 Alarm。

最后，可将 AlarmScript 脚本添加至 Alarm Prefab 中。

6.4.3 管理警示系统

最后，还可替换 MyAlarmScannerModule 输入模块中的样板文件，进而管理事件、扫描警示系统并传送杀手机器人对象。

在基本示例的基础上，可向自定义输入模块中添加另一个 public 属性，以此管理场景中的全部警示系统。随后，可遍历全部警示系统，并查找确定为非活动状态的对象（由其上的 Hero 对象确定）。

如果需要添加更为复杂的系统，进而发现对象以在场景中进行监视，则该行为应出现于输入模块处理之前，例如自定义光线扫描或检测模块。

如果在Process方法中尝试定义对象数组（例如利用GetObjectsWIthTag方法），则无法巡查对象列表。其原因并不明显，但根据个人经验，输入模块的处理过程被另一个线程所持有；或者正在使用某个性能优化处理操作。简而言之，场景中对此将难以察觉。

作者的个人博客中已添加了更为复杂的后续示例处理方案。

据此，可编辑 MyAlarmScannerModule 脚本，并针对 Alarms 添加新的 public 属性，如下所示：

```
public GameObject[] Alarms;
```

随后替换样本文件，如下所示：

```
TriggeredCameraLocation = Vector3.zero;
with the following:
TriggeredCameraLocation = Vector3.zero;
foreach (var alarm in Alarms)
{
  if (!alarm.activeSelf)
  {
    TriggeredCameraLocation = alarm.transform.position;
  }
}
```

代码简单地遍历警示系统，如果获取处于非活动状态的对象，则将 TriggeredCamera Location 设置为被触发的警示系统的位置。随后，这将导致所选的全部 Droids 对象处于活动状态。

待设置完毕后，后续工作则是创建场景中的 EventSystem（选择 Create | UI | EventSystem 命令），将 MyAlarmScannerModule 添加至 EventSystem 中，向 Target Droids 数组中添加全部 Pickup 对象，以及将全部 Alarm 添加至 Alarms 数组中。

需要注意的是，针对自定义输入模块，此处仅向场景中添加EventSystem，实际上并不需要使用到Canvas或UI组件。

待一切正常后，当运行场景并通过箭头按键移动球体时，如果角色位于警示系统范围内，将会受到来自立方体对象的攻击。

在将场景中的多个对象赋予查看器中的数组时，可锁定查看器并一次性地完成拖曳操作。

若锁定查看器，可简单地单击Inspector窗口右上角的Lock图标。当查看器处于锁定状态时，其视图将不会调整为场景中所选的其他对象，进而可选取全部的Pickup或Alarm，并一次性地将其拖曳至Inspector窗口中的对应属性处。

读者可访问http://bit.ly/UnityAnimatedTips，查看GIF动画图像集中的第二幅图像，进而获得可视化结果（同时还可浏览其他图像）。

6.5　事件系统小结

能力越大，责任也就越大，这句话同样适用于 EventSystem，其中涉及大量与性能调整以及提升相关的问题。

前述示例可通过委托机制和单例管理器予以实现，但仍可视为一类较为简单的示例。

实际上，该示例可设定扫描模块，并搜索玩家附近的碰撞行为，进而传递至警示系统中；或者针对各个警示系统设置独立的雷达扫描装置。由于系统体现了较为明显的模块化风格，因而可采用组件化方式制作任何事物，且速度可获得较大的提升（前提是遵循相关规则）。接口设计可确保速度获得提升；另外，通过面向对象方式还可方便地设计游戏，同时保证其稳定性。

读者可对此不断进行尝试，直至获得期望中的结果（或者关注作者的个人博客，以查看所发布的最新内容）。

6.6　操 作 示 例

前述内容讨论了多个不同的代码示例，本节则计划构建一个脚本库，并对之前展示的内容进行适当的整合与改进。读者可访问 http://bit.ly/UnityUIExtensions 获取该脚本库。

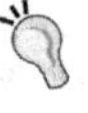

读者应时刻关注Unity UI论坛，对应网址为http://bit.ly/UnityUIScriptsForumPost，其中包含了大多数脚本内容，论坛中的多名成员对此均有所贡献。

在本书编写时，论坛中已包含了下列示例。

- UI 窗口：该示例源自 Unity 论坛，经过多次改进、更新以及重写后，最终发布于单一的脚本文件中。其目标旨在支持 UI 组件的添加、拖曳以及下拉操作。除此之外，该脚本还可与全部 Canvas 类型协同工作，包括 Screen Space – Overlay、Screen Space – Camera，甚至是 World Space Canvas。
- 曲线文本：该脚本文件具有简洁性和高效性的特征。将该脚本添加至 Text 控件中即可实现基于可编程曲线的文本弯曲效果。同时，该脚本还包含了强度这一概念（注意，强度为 1 时效果过于强烈，因而该值通常设置为 0.06）。针对 UI 图形组件，这也展示了顶点数据的调整能力。
- 梯度：该脚本的发布者与曲线文本的作者为同一人，该脚本的表现同样十分优秀。简而言之，将此脚本置于包含了顶点数据的组件中即可实现颜色梯度效果，读者可对此进行各种尝试。
- Tab 导航：该脚本较为简单，通过 Tab 键可前往下一个数据框；相应地，Shift + Tab 键则返回至上一个数据框。
- 光线投射遮挡：当使用圆形或复杂形状图像时，该脚本十分有用，并可确保仅当鼠标指针悬停于精灵对象上时，光线投射事件将被触发。对于颗粒状图案（例如独立的图形像素），这可提供更为精准的测试结果。
- 读者可对脚本库予以持续关注，以获取更多内容。

6.7　访问源代码

作为一种大胆的尝试，Unity UI 系统作为一类开源项目发布了几乎所有源代码（通过 Bitbucket.org）。当然，此类尝试并非是首次，2014 年，Unity 发布了 Unit Test Tools 以及大量的示例代码（对应网址为 https://Bitbucket.org/Unity-Technologies）。

基于本节内容，此处希望读者已经安装了Visual Studio（2012+ express/community，Pro或ultimate版本）、MonoDevelop或者Xamarin Studio，进而可发布、编辑代码。默认状态下，在安装Unity过程中应该已经附带安装了MonoDevelop。

当然，读者可通过相关网站浏览源代码，但在本地机器上发布、使用代码时，则需要使用到代码编辑器和代码发布引擎。

同时，这也是 Unity 针对广大用户首次发布 Unity Engine 的核心内容（之前也发布过某些附属项目，但规模远不及此），以供读者阅读、分析，甚至是在自己的项目中加以使用。不仅如此，Unity 还鼓励用户发布补丁或更新内容（一周之内，关于 UI 系统，已经出现了 74 个副本）。对于开发人员，Unity 的世界的确是乐趣无穷。

当然，情况并非完全如此，例如，Canvas 作为核心引擎组件之一涵盖了特定的渲染代码，但这一部分内容并未予以开放。

本节主要考查代码库（假设读者对此并不了解）、代码的访问方式、调整过程，以及相关建议的发布方式。

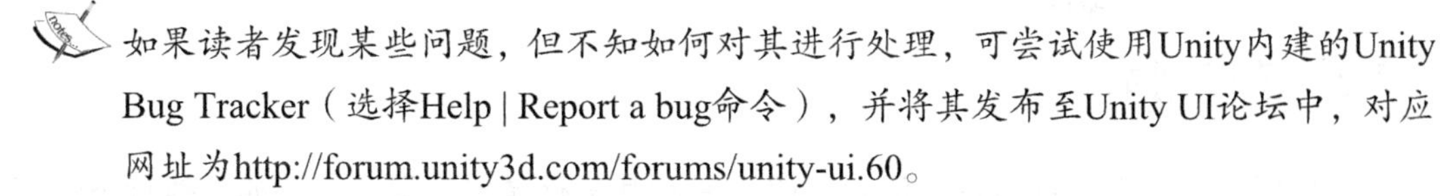

如果读者发现某些问题，但不知如何对其进行处理，可尝试使用Unity内建的Unity Bug Tracker（选择Help | Report a bug命令），并将其发布至Unity UI论坛中，对应网址为http://forum.unity3d.com/forums/unity-ui.60。

6.7.1　代码库

由于代码库向用户完全开放，因而其访问方式较为简单。读者可访问 https://Bitbucket.org/Unity-Technologies/ui，对应页面如图 6-10 所示。

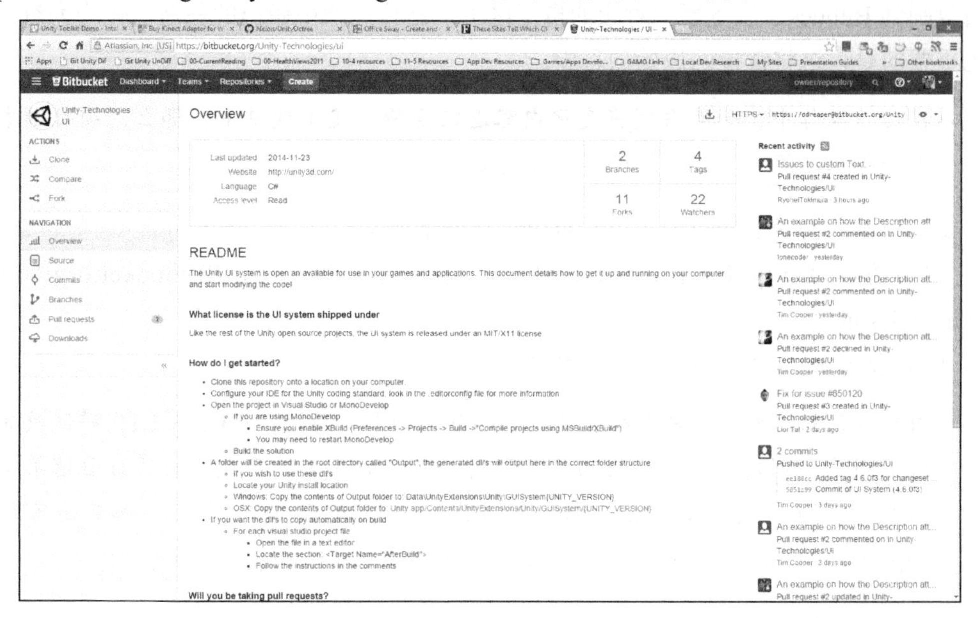

图 6-10

其中，读者可通过左侧 Source 超链接浏览源代码，或者通过 Commits 超链接查看项目的更新。另外，还可单击 Pull Requests 超链接查看其他变化内容。

除此之外，读者还可阅读近期的反馈消息（位于页面的右侧）。

页面内容主要包含了大量的指示性信息，以使用户明晰介入方式，以及本地环境中的代码运行方式。在用户单击相关话题后，还将展示更为详细的内容。

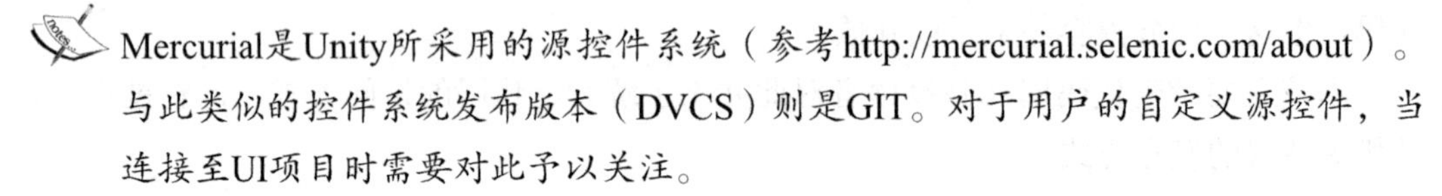
Mercurial是Unity所采用的源控件系统（参考http://mercurial.selenic.com/about）。与此类似的控件系统发布版本（DVCS）则是GIT。对于用户的自定义源控件，当连接至UI项目时需要对此予以关注。

6.7.2 获取副本

一旦用户确定在本地机器上浏览代码，并对其进行调整，那么，该如何执行下一步操作呢？

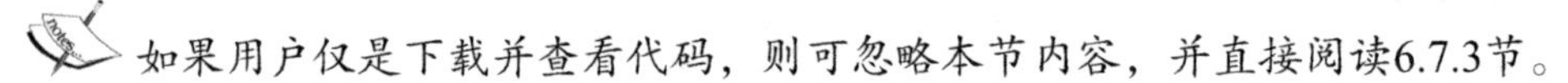
如果用户仅是下载并查看代码，则可忽略本节内容，并直接阅读6.7.3节。

此处，首先需要生成 UI 项目副本，即构建复刻（Creating a Fork）版本。这将把全部项目复制到 Bitbucket 服务器上对应的自用区上，新代码库中做出的任何变化均为有效，更为重要的是，这将链接回原始项目中。

在后续操作中，如果希望将变化内容返回至原（父）项目中，那么，项目副本和原始版本之间的超链接将变得十分重要。

复刻版本的创建过程较为简单，对应步骤如下所示：

（1）访问 Unity UI Bitbucket 网站，对应网址为 https://Bitbucket.org/Unity-Technologies/ui。

（2）登录 Bitbucket 网站（如果用户尚未指执行该步骤）。

用户可免费注册，并将个人项目置于Bitbucket上。因此，在Unity UI代码修改完毕后，用户可创建公有或私有项目。同时，Bitbucket提供了免费的项目驻留策略。用户应确保用与GIT源控件相同的方式配置Unity环境。另外，读者还可访问http://bit.ly/UnitySourceControlSetupUI以获取与此相关的更多信息。

（3）单击 Bitbucket 网页最上方的 Fork 按钮。

（4）针对项目副本，这将弹出如图6-11所示的表单。其中，用户可选取各种选项，例如公有或私有性、赋值许可，以及bug跟踪系统或者与其绑定的Wiki。

Fork Unity-Technologies / UI　　You can also create a patch queue

Name*	UI
Description	
	It's encouraged to write a little about why you are forking.
Access level	This is a private repository
Permissions	Inherit repository user/group permissions
Project management	Issue tracking
	Wiki

What is a fork?

Forking is a great way to contribute to a project even though you don't have write access. Check out our documentation for more details.

Repository integrations

HipChat	Enable HipChat notifications
Fork at	tip (ee188cc)

Fork repository　Cancel

图6-11

当表单填写完毕后，Bitbucket中的齿轮图像将处于转动状态，稍后将进入个人项目的开始界面。此时，当前项目为个人所持有，而非Unity。

当通过源控件网站浏览开源项目时，应确保获取正确的内容。通过Bitbucket，用户可方便地查看项目的拥有者。对此，在项目信息和作者列表中，可选中左上方的复选框进行查看。

当创建副本时，还存在多个选项，大多数应用于个人项目中，且不会与其他项目协同工作。

实际上，作者本人还创建了第4个不同版本的Unity UI Bitbucket，但其内容与本书并无太多关联，因而将其删除。另外，首次提交则是通过Andreia Gaita并经过适当整合完成。

6.7.3　下载代码

根据前述讨论，用户可访问Unity的UI项目，并制定自己的代码副本（可选）。接下来的问题是，如何从用户的机器上获取代码。

对此，通过网站页面左上角的Downloads超链接，用户可下载全部源代码（位于压缩文件中）。然而，这并非是推荐方式，并会失去与主项目之间的链接（无法实现更新操作）；同时，全部修改内容均可能丢失（若未经适当备份）。

因此，这并非是一类所推荐的选择方案。

首先需要获取源控件客户端，进而将代码从服务器置于用户的计算机上，并保持链接，其中包含了某些选项，如下所示。

- Atlassian SourceTree（http://www.sourcetreeapp.com/）：作为一款优良的图形客户端，可适用于大多数操作系统。
- Tortoise HG（http://tortoisehg.Bitbucket.org/）：这也是作者推荐的一个客户端，并与 Windows 浏览器完美结合，同时还提供了多个 GUI 管理屏幕。

对于不同的操作系统，还存在多种其他类型的客户端，对此，读者可访问http://mercurial.selenic.com/wiki/OtherTools。

然而，Bitbucket 建议使用 SourceTree，对应链接位于 Bitbucket 网站中，同时还提供了基于全部项目的整合方案。如果用户仅使用 Bitbucket，SourceTree 则是一类较好的选择方案。

如果用户在多个网站上开发不同的开源项目，建议使用Tortoise源控件客户端，这也是作者的首选方案。当然，最终决定权依然在用户手中。

再次强调，SourceTree可实现正常操作，且适用于多个DCVS系统。

待客户端安装完毕后，需要从项目网站中获取 Pull URL，如图 6-12 所示。

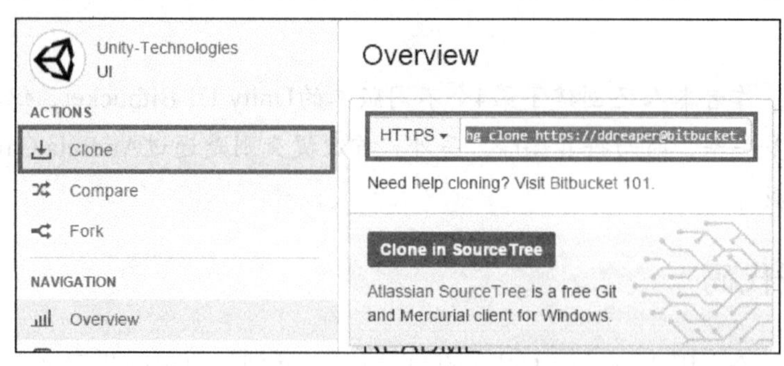

图 6-12

如果用户安装了SourceTree，仅需单击Clone in SourceTree按钮即可。这一类集成方案随处可见，且适用于初学者。

除此之外，用户还可访问项目网站中的 URL，即如图 6-13 所示的屏幕右上方位置处。

图 6-13

待获取了 URL 后，全部工作则是将项目复制到本地机器的文件夹中。假设此处采用了 SourceTree，当操作结束后，最终结果如图 6-14 所示。

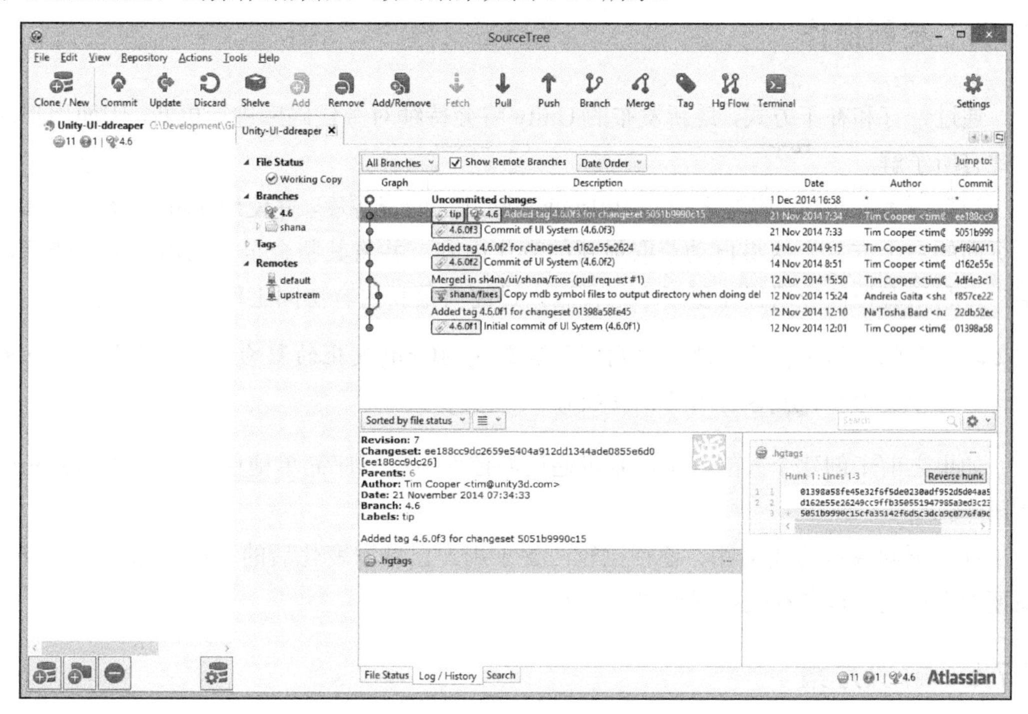

图 6-14

当采用Tortoise时，需要执行下列步骤：

- ❑ 打开Windows浏览器。
- ❑ 选取下载的代码。
- ❑ 右击鼠标并选取TortoiseHG | Clone命令。

- ❑ 设置目标文件夹名称（源URL出现于剪贴板中；否则，可将URL粘贴至源文本框中，并选取目标文件夹）。
- ❑ 单击Clone设置项。

至此，用户可浏览代码，并制定相应的设计规划。

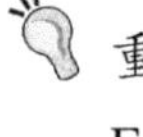

重要提示：如果用户使用Visual Studio查看代码，建议先在VisualHG扩展（选择Tools | Extensions and Updates命令），随后可将项目的源控件管理器（Tools | Options | Source Control）设置为VisualHG。据此，用户可通过图形增强Solution Explorer查看各个文件的状态。对于Visual Studio中的源代码，可对调整内容予以直接访问。

6.7.4 更新操作

通过修订和补丁方式，最新发布的 Unity 将会持续对源代码库进行更新，因而用户应对此有所了解。

当新版本发布后，应随之访问 BitBucket 网站上的资源库，并使用 Sync 进行操作（位于页面的右上方）。这将自动获取最新的变化内容，并将其整合至个人项目中。随后，用户可利用源控件应用程序更新本地代码，进而与最新内容协同工作。

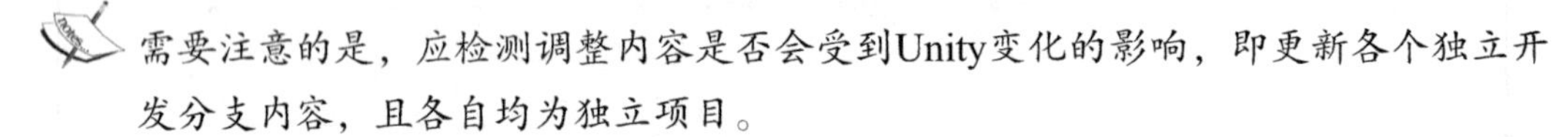

需要注意的是，应检测调整内容是否会受到Unity变化的影响，即更新各个独立开发分支内容，且各自均为独立项目。

如果之前未创建个人的副本，则可通过源控件应用程序简单地更新本地的 Mercurial 代码库。

针对不同版本的逐文件、逐行比较，鉴于用户已获取变化后的详细信息，因而较为简便的方法是通过各提交项对此进行查看。

6.7.5 解决方案

当前，用户已在个人机器上获得代码，本节将对此实现进一步的讨论。

打开 Unity UI 代码的本地复制文件夹，双击 UISystem.sln 并打开该文件，同时打开所选的代码编辑器，例如 MonoDevelop，对应结果如图 6-15 所示。

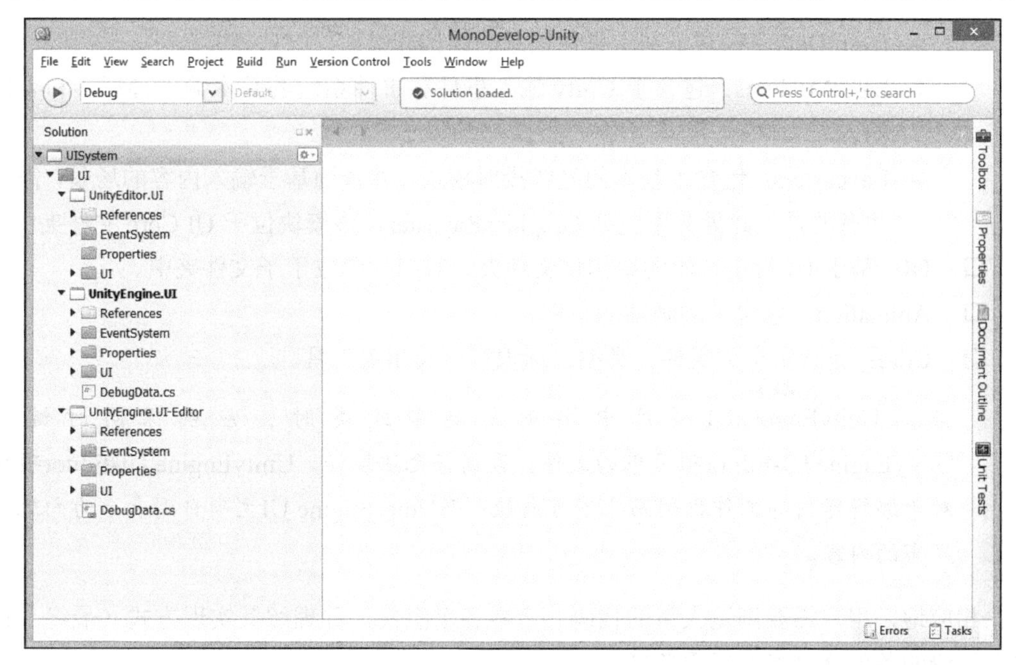

图 6-15

其中，Unity UI 方案中包含了 3 个项目，如下所示。

- UnityEditor.UI：针对全部组件，包含了全部 Unity Property Drawer（对应网址为 http://docs.unity3d.com/Manual/editor-PropertyDrawers.html），以及 Custom Editor 窗口（对应网址为 http://docs.unity3d.com/Manual/editor-CustomEditors. html）。据此，用户可扩展或添加新的编辑器特性。
- UnityEngine.UI：包含了事件系统、Images 以及 Toggle 中的全部核心 UI 类和组件。据此，用户可添加新控件或修复现有的控件。
- UnityEngine.UI-Editor：之前 UI 代码的编辑器版本。

UnityEngine.UI-Editor项目仅包含了源自UnityEngine.UI项目的超链接文件，这也意味着此类文件均为相同文件。如果希望向UI项目中添加多个类，则需要在当前项目中创建新的Linked文件。

UnityEngine.UI 项目中包含了下列文件夹。

- EventSystem：包含了核心代码和类型，进而处理事件、事件系统和通信，其中包括以下参数。

- ➢ EventData：包含了基于事件信息的结构和类。
- ➢ InputModules：包含了 Unity 输入事件和事件系统的基本输入管理器和委托输入。
- ➢ Raycasters：包含了基本的光线投射模块，并查询基于输入内容的场景。需要注意的是，此处并不包括 GraphicsRayaster，该模块位于 UI Core 文件夹中。

- ❑ UI：基于 UI 特定代码的结构化文件夹。对应代码位于子文件夹中。
- ❑ Animation：包含了动画辅助文件。
- ❑ Core：包含了全部组件、类型、标识符以及相关工具。

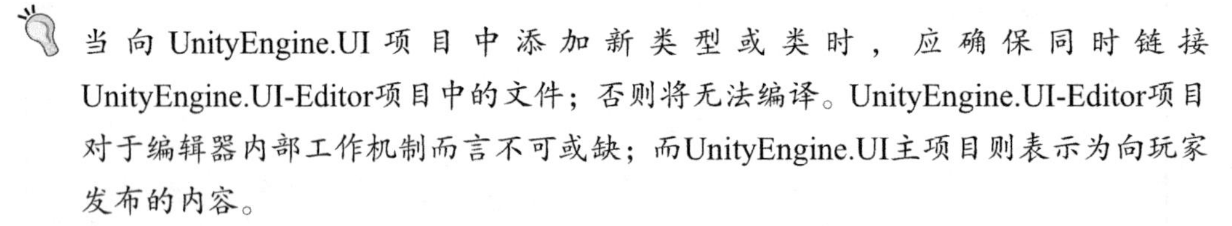
当向 UnityEngine.UI 项目中添加新类型或类时，应确保同时链接 UnityEngine.UI-Editor项目中的文件；否则将无法编译。UnityEngine.UI-Editor项目对于编辑器内部工作机制而言不可或缺；而UnityEngine.UI主项目则表示为向玩家发布的内容。

相应地，用户需要浏览大量的代码，查看各个组件，并理解其实现方式（最终，将之前讨论的各部分内容进行适当整合）。

6.7.6　向项目中添加 UI 个人版本

在获取代码后，随后则是构造代码，并准备将其复制到 Unity 安装过程中。

在本书编写时，唯一的方法是通过手动方式对代码进行复制。在后续版本中，该操作会通过Unity中的Module系统（Edit | Modules in Unity）予以简化和增强。但该过程依然会相对复杂并存在进一步简化的空间。因此，读者应留意Unity网站或者UI Bitbucket页面，以查看相关的更新内容。

在前述方案的基础上，随后可构建项目，待完成后，可执行下列步骤：

详细说明位于项目内容以及Unity UI Bitbucket项目页面中，这里仅做简要介绍。

（1）打开 Windows 浏览器（或 Mac 机器上的 Finder），选取 Unity installation 文件夹。

（2）打开 Editor\Data\UnityExtensions\Unity\GUISystem 文件夹（或者 Mac 机器上的 Unity.app/Contents/UnityExtensions/Unity/GUISystem）。

默认条件下，Mac机器上并不会出现文件扩展名。因此，在Finder（Mac机器上的文件管理器）中，仅会显示Unity，而非Unity.app。当浏览正确的文件夹时，可右击Unity或Unity.app文件，随后从下拉菜单中选择Show Package Contents，并弹出最新的Finder窗口，以实现基于Contents的前向浏览。

该提示内容由Simon Wheatley提出。

（3）在操作尚未完成之前，建议在 GUISystem 文件夹中备份原始文件夹，这将等同于之前的安装版本（例如最初发布的 4.6.0 版本）。

在Mac机器上，在相同位置复制文件夹可能会遇到问题，其原因在于：Finder（文件管理器）复制处理过程表面呈现为停止或挂起状态。待数分钟后，一切均未发生。因此，此处去除了这一复制处理过程。相比较而言，将文件夹复制到不同的位置则并无任何问题，且该过程十分迅速。针对这一问题，此处应再次感谢Simon Wheatley。

（4）在本地设备新窗口中打开 Code 文件夹，并创建新的 Output 文件夹（若项目构建成功）。

（5）对构建结果进行检测，同时还需查看 Output 文件夹中文件或文件夹的时间戳是否匹配。

（6）将 Output 文件夹中的内容（包括 Unity Editor 文件夹、Standalone 文件夹以及 UnityEngine.UI.dll 文件）复制到 Unity 安装文件夹 GUISystem 中的 version 文件夹内。

（7）选取 Yes 项覆写文件。

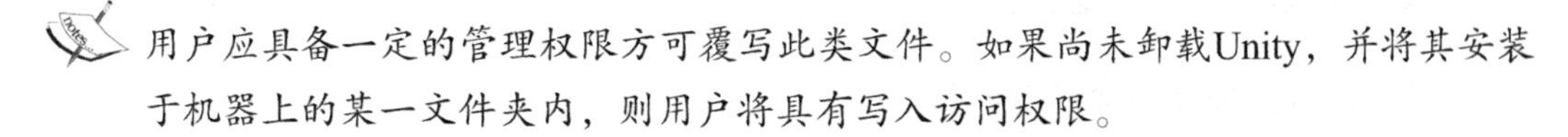

用户应具备一定的管理权限方可覆写此类文件。如果尚未卸载Unity，并将其安装于机器上的某一文件夹内，则用户将具有写入访问权限。

当启动 Unity 时（假设之前操作全部正确），将使用 Unity UI 系统的个人版本，其中包含了相应的补丁以及修改内容。

如果用户希望返回至安装版本，可将备份内容复制到 GUISystem 文件夹环境中（这也是备份操作不可或缺的原因之一）。

如果用户希望在Unity UI系统中写入问题日志，应确保版本与安装的Unity一致，否则将会遇到问题。

考虑到问题源自个人提供的代码，因而当前无法执行复制操作。

6.7.7　将调整结果置于 Unity 中

针对 UI 源代码中的问题，如果用户已拥有解决方案并予以实现，则可通过 DCVS 源控件系统完成相关操作。

后续模式仅支持新特性或修复问题的提交行为，否则，用户可通过Unity中标准的问题描述（Help | Report a bug）操作予以提交。对于尚未解决的遗留问题，不应执行提交操作。

待补丁或新特性提交完毕后，用户还应牢记以下几点内容（对于开源项目十分有用）。

- 保持小型化结果：较大的提交结果将被忽略。
- 精简内容：针对相关目标，一次仅修正或添加单一特性。
- 实现文档化管理：这将使得代码的阅读者快速、方便地理解其中的内容。
- 事先规划：如果对内容进行了大量的修改，应确保各部分间彼此独立，并对未来任务有所认识。考虑到工作量和正确性等问题，全部工作规划最终被弃用将是一件十分可怕的事情。

在提交过程中，在开始编码前，应对修改内容有所规划，基本的流程如下所示：

（1）创建新的分支，并保持名称相对简洁。

（2）一次性或者通过多次提交这一方式添加修改内容（应避免提交次数过多）。

其中，提交行为是指相关内容修改完毕后，通过源控件工具在代码中标记检查点，并于随后将其上传至服务器。

（3）向分支部分提交修改内容。

（4）从当前代码库向父代码库的主分支部分提交 Pull Request（PR）。

（5）监听相关请求，并对查询予以回答。

（6）必要时，可根据查询/请求更新代码库中的分支部分。

（7）提交补丁（无须创建新的 PR，这将被自动更新）。

（8）一旦提交被接受，则删除当前所开发的分支部分。

（9）从父代码库开始更新代码库。

Bitbucket 包含了上述全部信息以完善其网站，因此，读者应时常查看其更新内容。如果个人代码库中的内容发生了变化（某些开发人员可能会于其中进行各种尝试），用户也不必对此感到棘手，只需根据上一次 Commit 点，并在源代码中创建新的分支，随后可遵循之前的步骤复制变化内容。

在个人代码库中，设置测试区或者沙箱十分常见。在执行操作前，应在本地项目中启用一个新的分支，并保持主开发分支（源自Unity）不被干扰，且不可直接向Unity主分支提交内容。

通常情况下，可采用新的分支结构，否则事情将变得越发混乱。

这里，也预祝读者编码愉快！

在当前处理过程中，当提交变化内容后，Unity并不会将其直接置于代码库中。相应地，Unity将查看相应的变化内容，以确认是否值得将补丁或变化结果复制到自身的代码服务器中。

此处，对应过程并以常规方式使用源控件，且仅对便于修复/包含的某些强调性内容予以应用。随着Unity与Bitbucket之间的协同工作方式不断改进，这种情况也将随着时间而变化。

6.8　本章小结

本章包含了大量的代码内容以及相关信息，旨在理解对应代码以及 UI 系统的底层机制。

至此，读者应可构建自己的事件以及事件系统处理程序，甚至可通过 Unity 最新的开源处理机制提交个人方案。

通过代码，读者可深入考查 Unity 中控件和后台的构建方式，并可极大地提升开发人员的水平。同时，本人也坚信，这一前景将变得越发光明！

本章主要涉及以下内容：

- 事件及其具体含义。
- 如何构建事件及其处理程序。
- 事件系统及其功能。
- 学习相关示例（鉴于篇幅所限，本章仅讨论了部分示例）。
- 开源 UI 以及阅读和提交方式。

本人也衷心希望亲眼见证开发人员的创新结果，读者可通过电子邮件或本人的博客进行联系。

另外，如果读者希望将更多代码添加至本人创建的脚本扩展库中，则应采用相同的代码管理方案（参见前述内容）。针对新脚本或者现有脚本的补丁，读者仅需提交 PR 即可。读者是否已经得到了一个针对新脚本的请求？若是，则需将其作为一个请求写入问题日志中。在本书编写时，作者已经收到了一份请求。

附录A 3D示例场景

第5章中曾讨论了一个简单的3D示例场景，其效果大大丰富了UI的外观。鉴于本书主要讲解UI方面的知识，因而本附录主要讨论与示例场景相关的内容。

除此之外，读者还可访问 http://bit.ly/UnityUIEssentials3DDemoScene 查看当前附录。

如果读者并不关心场景的构建过程，而是直接对场景加以使用，则可下载UnityPackage数据资源，对应网址为http://bit.ly/UIEssentialsCh5DemoScene。随后，可将其作为Custom Package导入至项目中，即使用Unity菜单中的Assets | Import package | Custom Package命令。

附录中将提供相应的3D操作提示和相关技巧，用户可将其用于任意场景中，进而解决3D场景中的某些常见问题。

大型游戏场景的设置问题

为了进一步丰富图像的外观，较好的背景图像通常不可或缺。第5章曾创建了如附图A-1所示的简单的3D空间场景，并在其上绘制UI。

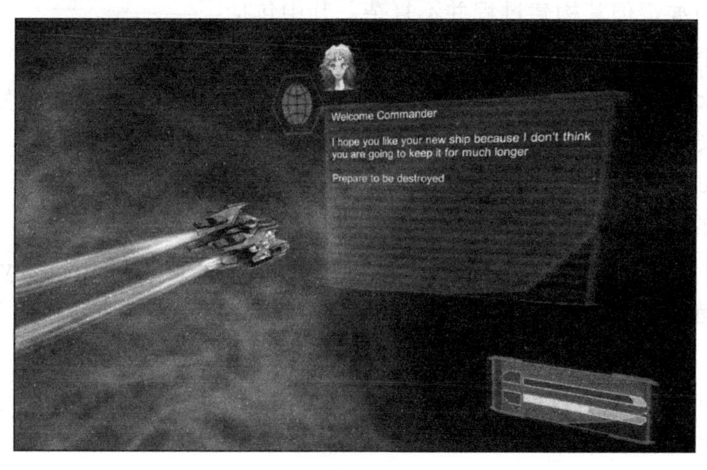

附图 A-1

图中显示了 3D 场景中不同的 Canvas UI 元素的混合结果，使用到了相应的资源数据。对于大型游戏场景，首先须注意以下问题：

- 设置新的 3D 项目，或者针对体验区域创建新场景。
- 添加 Unity 中标准的 Particle 项目资源数据（可在设置项目时进行，或者通过菜单中的 Assets | Import Package | Particles 命令完成）。
- 获取 Skybox Volume 2 Nebula 数据资源包（可访问 http://bit.ly/NebulaSkybox 获取该资源）。
- 获取 Free SciFi Fighter 数据资源源包（可访问 http://bit.ly/SciFiFighter 获取该资源）。

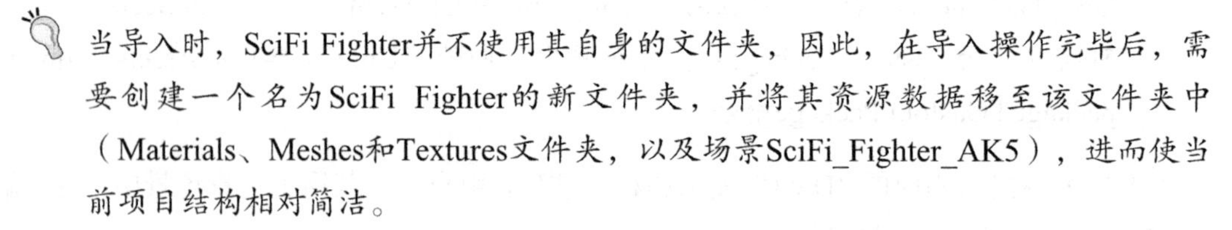

当导入时，SciFi Fighter并不使用其自身的文件夹，因此，在导入操作完毕后，需要创建一个名为SciFi Fighter的新文件夹，并将其资源数据移至该文件夹中（Materials、Meshes和Textures文件夹，以及场景SciFi_Fighter_AK5），进而使当前项目结构相对简洁。

不难发现，免费的资源数据对游戏设计者提供了巨大的帮助。

3D 场景的初始状态

场景的构建过程充满了乐趣，其中也涵盖某些重要的技巧。对于 UI 设计而言，这一部分内容并不重要，但其构建过程并不复杂，其中包括：

（1）创建新场景并将其命名为 Example_UI。

（2）将 SciFi_Fighter_AK5.fbx 网格数据从 Meshes 文件夹中拖曳至当前场景中（从项目的根节点处，或者是所创建的 SciFi Fighter 文件夹拖曳）。

（3）将 SciFi Fighter 的 Rotation 项调整为 X 357，Y 18，Z 317。对于飞船对象而言，这将生成较好的飞行路径。

（4）作为 SciFi Fighter 的子对象，拖曳 Main Camera（位于 Hierarchy 中），重置其转换（通过所选的 Main Camera，单击查看器左上角的齿轮图标并于随后选择 Reset）。这可确保相机一直尾随飞船对象，以使其处于可见状态。

（5）Main Camera 的转换设置如下所示。

- Position：X 38，Y 48，Z -47。
- Rotation：X 31，Y 340，Z 30。

（6）从 Main Camera 中移除 GUILayer、Flare layer 和 Audio Listener，即右击各个组件，并选择 Component 命令，这将生成尾随路径。

（7）将 Clear Flags 属性设置为 Depth Only，并将 Main Camera 上的 Depth 设置为 0，进而在背景之前跟踪相机。

（8）通过 Create | Light | Directional Light 命令将 Directional Light 添加至当前场景中。

在场景的开始阶段，对应效果如附图 A-2 所示（不包括 UI）。

附图 A-2

随后，可利用背景天空盒，甚至是飞船对象的尾迹进一步丰富场景内容，对应步骤如下所示：

（1）向 Background 项目（针对背景相机，这将有助于区分背景对象）中添加新的 Layer。针对各个 GameObject，可通过查看器中右上方的 Layer 菜单予以实现，如附图 A-3 所示。对应结果位于 User Layer 8 数据框中。

附图 A-3

（2）向当前场景中添加新的 Camera（通过 Create | Camera 命令），并将其重命名为 BackgroundCamera。

（3）将 BackgroundCamera 的 Depth 值设置为 1。

（4）将 BackgroundCamera 的 Layer 设置为最新 Background 的层，即使用之前显示的 Layer 组合框。

（5）将 BackgroundCamera 的 Culling Mask 设置为 Background，即选择下拉列表的 Nothing 项，并于随后选取 Background，如附图 A-4 所示（针对 Main Camera 的 Culling Mask，可移除 Background 层，以使其不被渲染）。

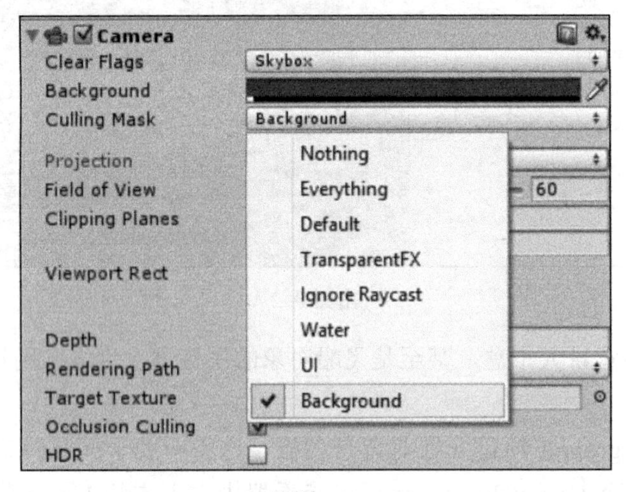

附图 A-4

（6）向 BackgroundCamera 中添加 Skybox 组件（通过 Add Component | Rendering | Skybox 命令），并将 Custom Skybox 属性设置为 SkyBox Volume 2 文件夹中的某一天空盒。对此，可将 DSG.mat 数据资源（材质数据，而非纹理）拖曳至 Skybox Component 的 SkyBox 属性中。此处，本人更偏向于使用 DeepSpaceGreen SkyBox（位于 SkyBox Volume 2 文件夹中的同名文件夹下）。

（7）最后，添加新的 Particle System，并作为 BackgroundCamera 的子对象（右击 BackgroundCamera，并选取 Particle System），同时还需执行如下设置（非调整项均为默认设置）。

- 转换项中的位置：X=83，Y = 28，Z = 76。
- 转换项中的旋转：X = 10，Y = 240，Z = 1.8。

- 粒子系统的时长为 20。
- 粒子系统的生命值为 20。
- 粒子系统的起始速度为 10。
- 粒子系统的发射率为 5。
- 形状设置为 Box。
- BoxX 为 50。
- BoxY 为 50。
- BoxZ 为 5。
- 渲染器的最大粒子尺寸为 0.005。

当前，Particle System 如附图 A-5 所示。

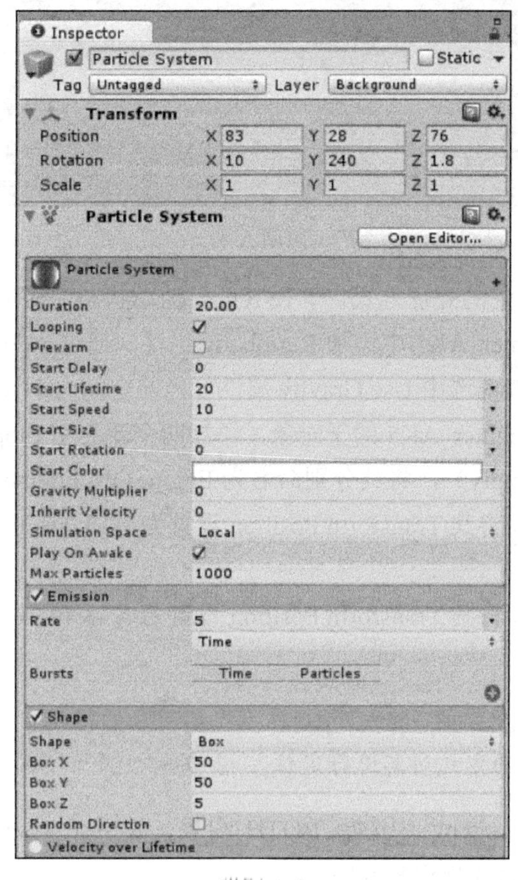

附图 A-5

某些时候，可能会使用到背景和尾随的运动对象，对此，二者应使用不同的独立相机。

当前，示例场景如附图 A-6 所示。

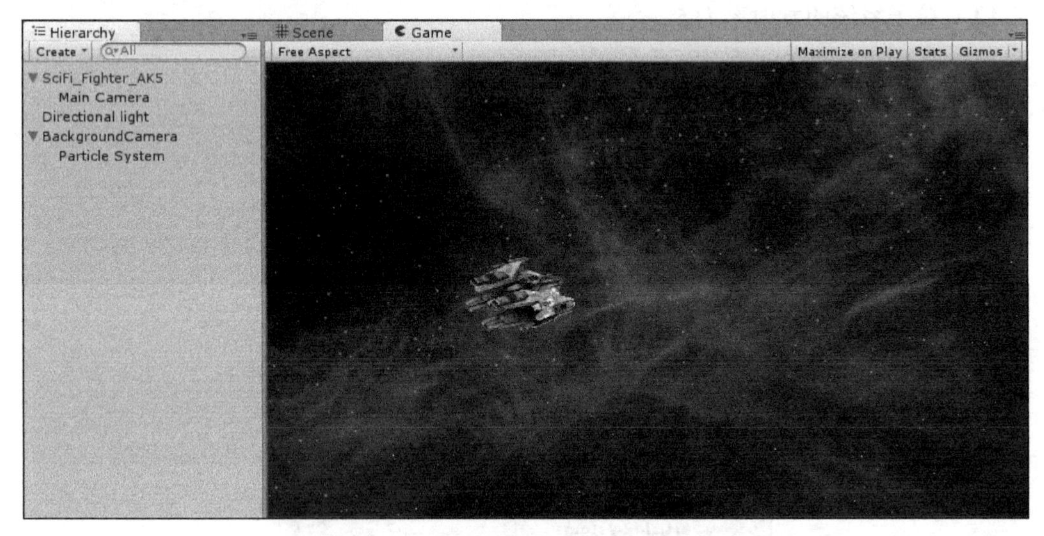

附图 A-6

下面将讨论飞船对象的处理方式，并使其处于运动状态，相关步骤包括：

（1）向 SciFi_Fighter_AK5 中添加 Rigidbody 组件（通过 Add Component | Physics | Rigidbody 命令），并取消选中 Use Gravity 属性（当前空间内不设置重力）。

（2）作为 SciFi_Fighter_AK5 的子对象，添加两个新的空 Empty GameObject（右击 fighter 并选取 Create Empty），将其分别命名为 Engine1 和 Engine2。

（3）对于 Engine1，将其 Transform Position 设置为 X -3.24，Y -0.04，Z -1.69（Rotation 值为 0，Scale 值为 1）。

（4）对于 Engine2，将其 Transform Position 设置为 X -3.49，Y -0.04，Z -1.69（Rotation 值为 0，Scale 值为 1）。

上述操作不会将引擎的GameObject置于飞船对象的排气口位置处，且相对于SciFi Fighter并通过手动方式对其进行定位。

（5）在项目的 Hierarchy 中选择 BOTH 引擎。随后在 Inspector 窗口中单击 Add Component 并选取 Effects | Trail Renderer。

（6）利用所选的引擎，在查看器中选取 Trail Renderer 的 Materials 部分，并将 Size 值设置为 2。

（7）将 FlameE 材质从标准的 Assets\Particles\Sources\Materials 文件夹中拖曳至 Trail Renderer Materials 的 Element 0 中。

（8）将 Smoke Trail 材质从标准的 Assets\Particles\Sources\Materials 文件夹中拖曳至 Trail Renderer Materials 的 Element 1 中。

（9）分别将 Time 设置为 2，Start Width 设置为 5，End Width 设置为 0.5。

利用Trail Renderer，可将简单的尾迹添加至GameObject中，无论是光源或者此处的飞船。此时，尾迹将在对象后方浮动，并随之在场景中移动。

当前，Inspector 窗口中的 Trail Renderer 如附图 A-7 所示。

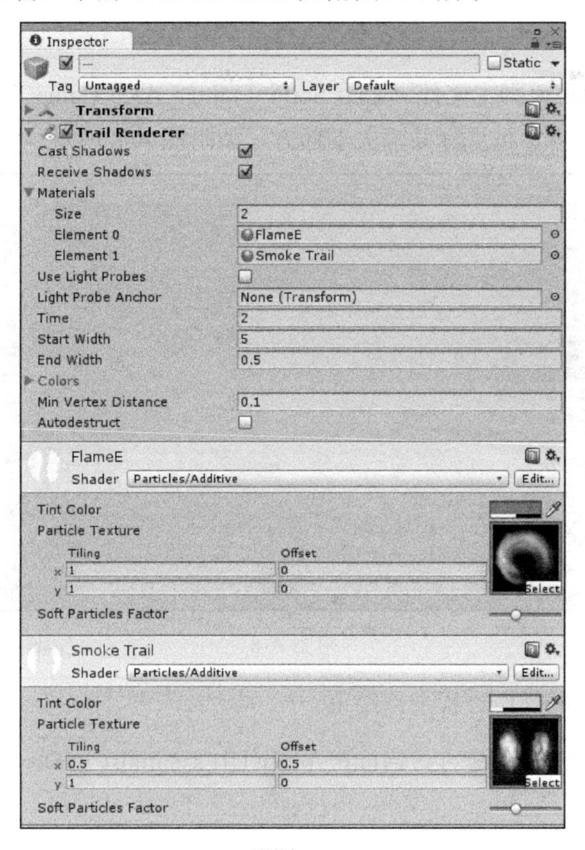

附图 A-7

当运行场景时，其内容并无变化，即并未出现尾迹效果，飞船对象仅驻留于原地。简而言之，当前飞船对象并未获得任何通知，因而不会执行任何操作。当 Trail Renderer 处于工作状态时，飞船对象将会随之移动。

对此，可编写名为 ShipMove 的 C#脚本，并利用下列代码替换原有内容：

```
using UnityEngine;

public class ShipMove : MonoBehaviour {
  void Start () {
    //Kick the ship in to action with a bit of force.
      GetComponent<Rigidbody>().AddForce(Vector3.forward * 50,
      ForceMode.VelocityChange);
  }
}
```

随后，可简单地将该脚本文件绑定至 SciFi_Fighter_AK5 GameObject 上，单击“播放”按钮后，飞船对象将会穿越星际并消失于远方，如附图 A-8 所示。

附图 A-8

至此，示例场景的操作过程全部结束。

作为Unity资源包，读者可访问http://bit.ly/UIEssentialsCh5DemoScene获取完整的示例场景。

最后，读者还可根据第 5 章内容向当前场景添加 UI 元素。